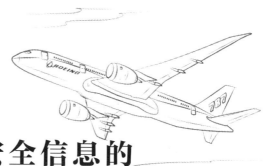

航空安全信息的
探索与实践

杨畅　郭湘川　编著

西南交通大学出版社
·成　都·

图书在版编目（ＣＩＰ）数据

航空安全信息的探索与实践 / 杨畅，郭湘川编著
. —成都：西南交通大学出版社，2022.3
ISBN 978-7-5643-8634-4

Ⅰ.①航… Ⅱ.①杨… ②郭… Ⅲ.①航空安全 – 安
全信息 – 信息管理 – 研究 Ⅳ.①V328

中国版本图书馆 CIP 数据核字（2022）第 052084 号

Hangkong Anquan Xinxi de Tansuo yu Shijian
航空安全信息的探索与实践

杨 畅 郭湘川 编著

责 任 编 辑	罗爱林
封 面 设 计	GT 工作室
出 版 发 行	西南交通大学出版社
	（四川省成都市金牛区二环路北一段 111 号
	西南交通大学创新大厦 21 楼）
发行部电话	028-87600564　028-87600533
邮 政 编 码	610031
网　　　址	http://www.xnjdcbs.com
印　　　刷	四川森林印务有限责任公司
成 品 尺 寸	170 mm × 230 mm
印　　　张	9
字　　　数	132 千
版　　　次	2022 年 3 月第 1 版
印　　　次	2022 年 3 月第 1 次
书　　　号	ISBN 978-7-5643-8634-4
定　　　价	49.00 元

编 委 会

前　言

安全涉及运行过程的方方面面，没有安全，就无法持续高质量的发展；没有安全，就不能巩固维持发展的成果，可以说安全是所有生产运行的根基。

安全是一种状态，而航空安全信息在维持安全状态的过程中有着举足轻重的作用，将民航业时时刻刻都在生成的数据、信息加以筛选，提炼成航空安全信息，再通过对航空安全信息的收集、分析和利用，可以持续控制运行风险，预防民用航空事故，将行业的安全水平维持在稳定可控的范围内。

本书就航空安全信息的全流程工作展开探讨，主要从航空安全信息的收集、分析以及利用三个方面着手，探寻建立安全信息收集的主动、长效报告机制，风险分级管控和隐患排查治理双重预防机制，航空安全信息驱动的安全预警新方法，并与读者分享交流民航飞行训练院校的安全信息管理工作经验，旨在持续加强通航安全信息管理的及时性、规范性以及系统性。本书在编撰过程中，得到了多位专家学者的支持和帮助，谨在此致以衷心的感谢！

书中难免存在疏漏之处，恳请批评指正。

航空安全信息的探索与实践编写委员会
2021 年 12 月

目 录

第一章
航空安全信息概述

　　航空安全信息是整个航空领域安全信息的汇总，是航空活动中所发生的一切安全状态的具体体现。在航空安全理论体系建立的过程中，产生的航空安全信息对航空从业者、航空器、相关设施设备都有着不可替代的作用。航空安全信息的主体因素一般包括：航空器的初始设计制造、航空器的运行使用、航空器的维护维修、空中管制以及气候因素等。

第一节　信息的内涵与外延

一、信息的内涵

　　人们生活在社会中，每天都会被不同的、全新的数据和信息刷新自己的认知，此时我们就必须明确数据和信息的定义及其特征，从而为后文的数据处理提取、信息分析总结打下坚实基础。

（一）信息的基本概念及特征

　　信息是指现实世界事物的存在方式或运动状态的反映。信息具有可感知、可存储、可加工、可传递和可再生等自然属性（见图 1-1），是社会上各行各业不可缺少的、具有社会属性的资源。信息论的奠基者香农认为，信息就是能够用来消除不确定性的东西。

1. 可感知

　　在实际飞行训练中，信息的可感知性指信息在发生后，可以通过不同的形式，被运行参与者所知晓、感知，同时运行参与者也能感受到信息所带来的影响，从而做出反馈。这也可以理解为感知到的信息多了，就可以对同样的信息做出更加合理的反馈，是经验的一种表现形式。

2. 可储存

可储存指日常飞行训练中所产生的各种信息，如事件信息、不正常情况、飞机故障信息、机务维护信息、飞行员的操作信息、飞机运行中的状态信息等，都是可以被有效妥善储存的。

3. 可加工

飞行训练中的各种信息，经过核实、提炼、总结等方式，逐渐形成各类具有指导意义的规律，其中核实、提炼、总结过程，就是信息的加工。

4. 可传递

这一属性在安全工作中，更多地被理解为信息的传递与共享，信息在传递的过程中实现共享。但是需要注意的是，信息传递过程中失真的问题，所以在设计传递流程时要尽可能设计得简洁，少一些传递流程，从而得到最真实、最需要的信息。

5. 可再生

信息具有不断生成的属性，如何将新生成的信息进行有效的收集处理，是飞行训练安全工作需要解决的问题。

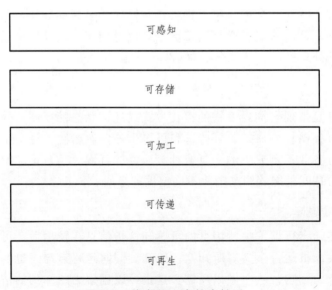

图 1-1　信息的 5 个基本性质

信息所具有的基本属性可归结为以下几个方面：

（1）信息具有普遍性和客观性。

（2）信息具有实质性和传递性。

（3）信息具有可扩散性和可扩充性。

（4）信息具有中介性和共享性。

（5）信息具有差异性和转换性。

（6）信息具有时效性和增值性。

（7）信息具有可压缩性。

（二）数据的基本概念

数据是描述现实世界事物的符号记录，是指用物理符号记录下来的可以鉴别的信息。物理符号包括数字、文字、图形、图像、声音及其他特殊符号。数据的多种表现形式，都可以经过数字化后存入计算机。对于飞行训练安全工作来说，QAR 数据、SD 卡数据、FDR/CVR 数据、酒测仪数据、ADS-B 数据、气象情报数据、机队故障率数据、事件万时率数据、安全隐患/风险数据等，都可以作为输出信息和指标的基础数据来运用。

（三）信息与数据的关系

数据和信息这两个概念既有联系又有区别。数据是信息的符号表示，或称载体；信息是数据的内涵，是数据的语义解释。数据是信息存在的一种形式，只有通过解释或处理才能成为有用的信息。数据可用不同的形式表示，而信息不会随数据形式的不同而改变。

二、信息的外延

人们将原始信息表示成数据，称为源数据，然后对这些源数据进行处理，从这些原始的、无序的、难以理解的数据中抽取或推导出新的数据，这些新的数据被称为结果数据。结果数据对某些特定的人来说是有价值的、有意义的，它表示了新的信息，可以作为某种决策的依据或用于新的推导。这一过程通常被称为数据处理或信息处理。信息是有价值的，为了提高信息的价值就要对信息和数据进行科学的管理，以保证信息的及时性、准确性、完整性和可靠性，因而就需要科学的方法、先进的技术来管理信息和数据。随着计算机软硬件技术的发展，信息和数据管理的实用技术——数据库技术也由低级到高级、由简单到完善逐步发展起来。

管理学家认为，信息是提供决策的有效数据。管理学上对信息的定义，并不是从信息本身的内涵出发，而是对信息的外延用途进行了一针见血的描述，首先是"有效数据"，充分说明了信息是数据经过核实、筛选、过滤、整合等一系列工作后得到的产物；"提供决策"4个字则能展示管理学中信息的意义和作用。信息是什么在管理学中并不重要，管理学在意的是信息背后的使用价值、反映的规律、代表的意义，从另一个角度提出，我们在获取数据后需要做的信息分析、信息引导决策才是最重要、最关键的事情（见图1-2）。

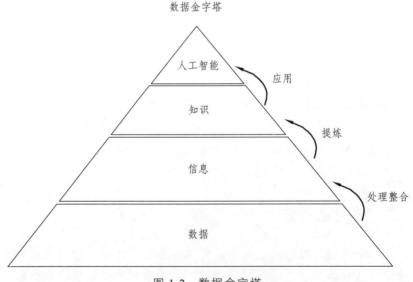

图 1-2　数据金字塔

人是安全信息管理工作的最关键因素，安全信息管理工作的最终落脚点必须以人为主体，这就要求管理者在生产运行过程中坚持一切以人为核心，在制定规章制度或相关措施的时候，要考虑员工是否能够执行，执行时是否存在困难。如果管理者的一个决定令人感到精神高度紧张或无从下手，最终的结果往往事与愿违。要了解航空安全信息，绕不开的一个指导性机构便是 ICAO（国际民航组织）。ICAO（International Civil Aviation Organization）是联合国的一个专门机构，1944 年为促进全世界民用航空安全、有序的发展而成立。民航组织总部设在加拿大蒙特利尔，制定国际空运标准和条例。ICAO 颁布了《标准和建议措施》（SARPs），以促进全球范围内航空安全、安保等方面的统一规定。国际民航组织也是其 192 个成员国之间在民用航空所有领域进行合作的主要论坛。改善全球航空运输系统的安全是国际民航组织的指导性和最基本的战略目标。该组织通过其全球航空安全计划（GASP）中概述的以下协调活动和目标，不断致力于解决和加强全球航空安全。ICAO 根据既定的风险管理原则——国家安全计划（SSP）和安全管理系统（SMS）的核心组成部分，对全球和区域航空安全指标进行评估，对全球航空安全计划倡议进行监测，致力于改善航空安全，使利益相关者之间能够进行无缝合作和沟通。国际民航组织继续与已有的区域机构/组织合作，如区域航空安全小组（RASG）、区域安全监督组织（RSOO）和区域事故和事件调查组织（RAIO），并促进和发展必要的能力建设和实施支持，以解决新出现的安全问题。航空安全是国际民航组织战略目标的核心。建立和维护国际标准和推荐做法（SARPs）以及空中导航服务程序（PANS）是《国际民用航空公约》（芝加哥公约）的基本原则，也是国际民航组织的使命和作用的核心方面。目前，国际民航组织管理着 19 个公约附件中的 12 000 多份"推荐做法（SARPs）"和空中导航服务程序（PANS），其中许多 SARP 和 PANS 随着最新的发展和创新而不断发展变化。SARP 和 PANS 的制定遵循一个结构化的、透明的和多阶段的过程，通常被称为 ICAO 的"修正过程"或"标准制定过程"。

（一）安全信息监控体系简介

2015 年高级别安全会议（HLSC）的建议之一和 2016 年举行的国际民航组织第 39 届大会的决议是为全球信息交流引入一个分阶段的方法。

执行这一建议和决议的结果是在 2017 年启动了国际民航组织安全信息监测系统（SIMS）。SIMS 是一个基于网络的安全数据和信息系统，由产生指标的应用程序组成，以支持各国的安全管理工作。SIMS 促进国家和行业之间的合作，以收集和分析与监测安全性能有关的现有信息。

SIMS 位于国际民航组织的安全门户上，截至 2018 年 5 月 31 日，已经有来自 12 个不同的国际民航组织成员国的 100 多个用户。SIMS 的演变仍在继续，鼓励各成员国加入这个项目。目前 SIMS 上的可用应用程序包括水平飞行效率（空域监测）、垂直飞行效率（进近监测）、跑道安全事件监测、坡道检查和事故监测。

国际民航组织成员国可以使用 SIMS 平台将其数据显示为有意义的信息，作为一种具有成本效益的方式，直接了解其存储的数据，而不必开发复杂的内部信息技术系统。国际民航组织已与第三方数据供应商合作，支持 ADS-B 数据于其应用。ADS-B 数据的使用是 SIMS 指标的主要数据来源之一，此外还有各国通过安全系统提供的数据。国际民航组织已经制定了 SIMS 法律框架，其中涉及数据隐私和安全数据保护等内容。

SIMS 的运作体系：SIMS 为 SSP 和 SMS 生成安全指标，并以可操作的格式将其呈现给各行业。根据必要安全数据的可用性，这些指标的清单可能因行业而异。每个指标都需要特定的数据点，以便通过 SIMS 中的应用程序进行计算。

（二）ICAO Doc9859《安全管理手册》简介

Doc9859《安全管理手册》是真正将航空安全信息进行系统化应用的一个指导性文件。该手册于 2018 年由国际民航组织颁布，将安全管理工作体系分为安全管理基本原理、发展安全情报以及安全管理实施 3 个模块，将收集安全数据、整合安全信息、利用信息分析以及持续安全改进融合为有机整体，对全球各国的安全管理进行指导。

Doc9859《安全管理手册》将安全数据的范围定义为：

（1）事故或征候调查；

（2）安全报告；

（3）持续适航报告；

（4）运行绩效监控；

（5）检查、审计、调查；

（6）安全研究与审查。

Doc9859《安全管理手册》将安全管理的目标设定为在事故或征候发生之前主动缓解成因，即潜在风险。如何有效管控潜在风险？手册通过系统性安全管理的角度加以指导，运用如下方法：

1. 加强安全文化

安全文化是存在于单位和个人中的种种素质、态度的总和。根据笔者多年的工作经验，安全文化是一个单位/公司的安全基础，基础牢不牢，主要是看安全文化有没有渗入员工、管理层的价值观。如果将单位/公司比作一棵安全文化大树，那么管理层是安全文化的根基，只有根基牢固，保证充足的安全投入（安全投入、人力投入、物资投入等）、正确的安全态度，单位/公司才能在一个正确、安全的环境中持续稳定运转；员工是安全文化的树干，将充足的安全投入运用到实际工作中，将安全的理念、安全的态度根植于日常生产工作中，单位/公司的安全管理水平才能得到根本性的提升。良好的安全文化是安全信息真实有效的有力保证。安全文化既体现了安全管理的精神境界，也彰显了组织安全管理的软实力。一是要倡导安全诚信文化。安全诚信文化是安全文化的重要组成部分，诚信是安全信息管理的基石，没有诚信，安全信息管理则无从谈起。只有大力倡导安全诚信文化，实现从"要我诚信"到"我要诚信"的转变，才能彻底解决安全信息管理真实性的问题。二是要大力弘扬和践行当代民航精神，深度融合刚性法规制度和柔性安全文化，做到安全信息的真实生成、真实报送、真实收集。三是要加强职业道德自律。确保安全是民航从业人员职业道德的底线，全体从业人员要严守安全底线，坚决抵制造假，杜绝谎报、瞒报，确保安全信息的源头真实。

安全文化主要涵盖安全理念、行为安全、系统安全、流程安全 4 个方面。安全理念是在安全方面衡量对与错、好与坏的最基本的道德规范和思想，主要体现在对以下两个方面的理解：一是不可能有绝对安全。"安全是相对的，风险是绝对的"，事实上，总会残留一些风险，因此，只可能有相对安全，"绝对安全"不过是一种理想状态。因为经济、技术的先进性只能是逐步发展的，我们不能跨越历史条件，但完全有可能无限趋近"绝对安全""本质安全"。二是所谓安全就是通过把风险降低到可容许的程度来达到安全。行为安全应用行为科学强化人员安全行为和消除不安全行为，从而减少因人员不安全行为造成的安全事故和伤害的系统化管理方法。它主要通过教育培训、绩效考核、奖惩制度和沟通反馈等对员工行为进行干预，不断修正完善单位/公司偏离的系统安全观。

国内安全标准《企业安全文化建设评价准则》（AQ/T9005—2008）将安全文化建设水平划分为 6 个阶段：第一阶段为本能反应阶段，第二阶段为被动管理阶段，第三阶段为主动管理阶段，第四阶段为员工参与阶段，第五阶段为团队互助阶段，第六阶段为持续改进阶段。

2. 采取有据可查、基于过程的做法来确保安全

建立一种明确的、有据可查的做法来实现安全运行，这种做法是员工可以理解并易于向他人解释的。此外，明确界定基线绩效使在不断改进安全方案/系统时能够进行可控的变更，从而有助于组织机构优化实施变更所需的资源。

"基于过程的做法"要求企业或单位不仅要从结果入手对自身的安全体系进行管理，还需要找到适当的方法监控过程。民航局 2017 年下发的《民航生产经营单位安全绩效管理指导手册》（简称《民航绩效手册》），结合国际民航组织的先进经验，对企事业单位推行过程管理、实施安全绩效管理提出了指导性的意见建议。《民航绩效手册》对绩效相关的术语进行了定义，明确了安全绩效指标和安全绩效目标值的含义，明确了安全绩效管理和 SMS 之间的关系，详细分析了安全绩效管理的基本原则、主要内容，对企事业单位后续推行绩效工作具有指导性意义。

3. 更好地理解与安全相关的接口和关系

记录和界定安全管理接口的过程有利于组织机构理解过程间的关系，从而增强对端到端过程的理解和显露提高效率的机会。

4. 加强对安全隐患的早期发现

提高国家/服务提供者识别新出现的安全问题的能力，通过主动查明危险和管理安全风险，预防事故和事故征候的发生。

5. 安全数据驱动的决策

提高国家/服务提供者收集安全数据进行安全分析的能力，通过一些战略思考来确定需要回答哪些问题，由此产生的安全信息可以近乎实时地帮助决策者做出更明智、更有效的决策。这种决策的一个重要方面是将资源分配给更关注或更需要的地方。

"这种决策的一个重要方面是将资源分配给更关注或更需要的地方"这句话，实际表达了对管理层的要求：安全投入需要精准发力，如航空公司需要将资源重点投入航线运输的全流程，频繁发生征候的关键风险；飞行训练院校将资源重点投入机队的更新、故障的早起研究和排除，以及教学员的安全培训、安全保证上。

民航安全信息作为 SMS 的一个重要组成部分，是安全管理最为基础的工作，是民航实施安全风险控制和事故预防的基础，对航空安全水平的提高有重要作用。安全信息是指航空安全生产活动中对安全有影响作用的信息集合，它反映了人、机、环、管之间的关系变化，贯穿于一切安全管理活动的始终。安全信息包含企业、单位内部和外部的安全信息，如安全生产活动中发生的各类不安全事件、关键过程监控信息（如车辆靠机作业、舱门操作、机务维修维护等）、专业技术品质信息（如 QAR、QACVR、SD 卡数据等）、监督检查信息、事件调查发现问题、安全建议/危险报告、安全投诉、技能训练以及规章手册变化等，外部安全信息还包含国内外同行业安全信息。安全信息是 SMS 的血液和驱动源，是诊断安全状态的"听诊器"，是安全管理工作的"风向标""晴雨表"，是提高安全管理水平的"药引子"。安全信息影响着企业和单位是否能够制定出科学合理的安全政策和目标；影响着企业和单位是否能够识别出组织与系统的危险源和有效开展风险分析与控制；影响着企业和单位是否能够治理好安全隐患和前移安全关口；影响着企业和单位是否能够把控安全趋势和规律；影响着企业和单位是否能够预防事故发生，减少人民生命和财产的损失。安全信息是衡量安全管理水平的一个重要指标，在安全管理中起着举足轻重的作用，可以说掌握了安全信息就掌握了安全管理的主动权和先行权，没有信息就如同无源之水、无本之木。

安全信息是安全运行和管理全过程、全链条和全要素的反映。航空安全信息管理为民航安全提供了深厚的、可挖掘的价值，而细化到飞行训练安全信息，它的重要性主要体现在以下几个方面：一是为安全决策提供依据。飞行训练学校不论是明确安全运行指标、出台安全政策法规，还是制定安全措施、编写管理方案，都需要大量可靠的安全信息做支撑。只有充分地收集利用安全信息，才可以在做决策时做到"数据信息驱动的安全管理"，而不是"拍脑袋"决定，从而大大提高决策的准确性，明确政策的方向性。二是间接预防飞行训练事故、征候的发生，有效降低不安全事件的发生率。科学评估目前的安全状况和趋势，提出前瞻性的意见和建议，在下一步工作中及时发现并排除安全隐患，有效预防安全事故发生。三是建立起良性安全文化的催化剂。安全文化是存在于单位、个人中的种种素质和态度的总和，文化是人类精神财富和物质财富的总称，安全文化与其他文化一样，是人类文明的产物，企业安全文化是为企业在生产、生活、生存活动提供安全生产的保证。安全信息的传递路径由一线层层向上传递到管理层、决策层，在这个过程中，参与运行的所有员工都会受到安全信息的影响和启发，通过安全信息的报送与传递，改变并增强员工对安全的观念，对安全认识进行深层次的强化，在整个企业和单位中营造实现飞行训练活动的价值与实现人的价值相统一的安全文化。

第二节　航空安全信息的定义

为了起到风险防范和事前控制的作用，对航空安全信息的研究、采集涉及民航运行末梢的人、物、组织、系统等相关信息，这就是航空安全信息的外延，包括一切与安全状态相关的信息。按照 CCAR-396 部的规定，民航安全信息的内涵更多的是强调关注人员不要有伤亡，飞机不要有损伤。作为从事安全信息工作的我们，经常援引《民用航空安全信息管理规定》（CCAR-396-R3）（以下统称 CCAR-396 部）中的定义：民用航空安全信息是指事件信息、安全监察信息和综合安全信息。要弄清航空安全信息的定义（见图 1-3），就必须明白事件信息、安全监察信息和综合安全信息到底包含了哪些内容。

图 1-3　航空安全信息 3 大支柱

一、事件信息的含义

《民用航空安全信息管理规定》（CCAR-396）明确指出事件信息包含"在民用航空器运行阶段或者机场活动区内发生航空器损伤、人员伤亡或者其他影响飞行安全的情况"，即在一定的范围内发生的所有影响飞行安全的情况，都可以纳入事件信息的覆盖范围中来，如雷击、违规违章、技术错误、工作差错。从笔者的从业经验看来，除了上述情况，在航空器停放于机库中发生的影响飞行安全的情况，如机库中牵引航空器时发生的碰撞、维修中对航空器造成的人为损伤等，也应该属于航空安全信息中事件信息的范畴。

收集事件信息的目的是什么？国际民航组织（ICAO）在 2018 年发布

的第四版《安全管理手册》中提到："有效的安全管理高度依赖于安全数据收集、分析和综合管理能力的有效性。有一个安全数据和安全信息的坚实基础是安全管理的基本条件，因为它是数据驱动决策的基础。需要可靠的安全数据和安全信息来识别各种趋势、做出决策、评估与具体安全目标和总体安全目标相关的安全绩效，以及评估风险。"这句话中提到安全信息的作用是用来识别趋势，通俗地讲就是对下阶段运行风险进行研判，通过科学的研判做出准确的应对，并在决策的实施过程中，以安全绩效等方式进行验证。整个安全信息处理的过程就是一个风险管理的过程。民用航空指使用航空器从事除了国防、警察和海关等国家航空活动以外的航空活动，其中包含两大部分：公共航空运输（运输航空）和通用航空。运输航空和通用航空在国内发展成熟度不同，导致各类安全信息数量、质量上有一定的区别，在安全信息利用的过程中，通用航空安全信息的获取数量、可利用率捉襟见肘。以"中国民用航空安全信息系统"中收集的事件信息数量为例，2020 年全年，民航企事业单位及公司均依照《事件样例》（AC-396-08R1）版本报送信息，仅紧急事件的报送标准稍有区别，运输航空共报告事件信息总数 8 640 起，而通用航空共报告事件信息总数 520 起，仅占运输航事件量的 6%（见图 1-4）。

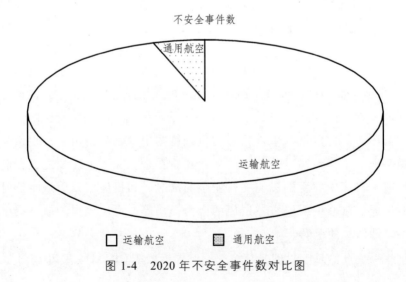

图 1-4　2020 年不安全事件数对比图

虽然通用航空事件信息总数远不及运输航空事件信息总数，但近年来，通航事故万架次率远高于运输航空（运输航空自 2010 年"8·24"伊春空难后，未发生亡人事故）。2018 年，通航共发生 15 起事故，死亡 15 人，事故万架次率 0.074 0；征候 24 起，征候万架次率 0.118 3。2019 年，通航共发生 15 起事故，死亡 8 人，事故万架次率 0.061 9；征候 14 起，征候万架次率 0.057 7。2020 年，通航共发生 18 起事故，死亡 13 人，事故万架次率 0.077 7；征候 26 起，征候万架次率 0.112 2（见表 1-1）。

表 1-1　2018—2020 年通航征候、事故数量

通用航空	事故数量	事故万架次率	征候数量	征候万架次率	死亡人数
2018 年	15	0.074 0	24	0.118 3	15
2019 年	15	0.061 9	14	0.057 7	8
2020 年	18	0.077 7	26	0.112 2	13

不仅如此，通用航空指使用民用航空器从事公共航空运输之外的民用航空活动，包括从事工业、农业、林业、渔业和建筑业的作业飞行以及医疗卫生、抢险救灾、气象探测、海洋监测、科学实验、教育训练、文化体育等方面的飞行活动。从定义可以看出，通航点多、面广、线长，涉及内容复杂，监管难度大，在这 520 起事件信息中，能用作有效分析的信息就更是凤毛麟角了。因此，如何提升通航事件信息的收集数量和质量，更加深入地运用数据信息驱动安全的管理模式，也是本书重点讨论的一个问题。

二、安全隐患和风险管理

安全隐患和风险管理是航空安全信息不可或缺的重要部分，这里要重点介绍一下。风险和隐患是两个既相互联系又有区别的概念，在实践中往往被作为近义词甚至同义词而互相替代使用。为准确把握其含义，下面对这两个概念做一些解析。

第一，两个概念具有相似性。《现代汉语词典》对风险的解释是"可能发生的危险"，对隐患的解释是"潜藏着的祸患"。依据这样的解释，

他们的相似性表现在两个方面：一是表现形式不直观。无论是"可能发生"，即尚未发生，还是"潜藏着"，即尚未发现，其表现形式都是未得到直接观察。二是其后果都危及安全。不管是危险事件发生，还是潜藏着的祸患暴露，其后果都是系统的安全状态恶化，安全水平下降。

第二，两个概念是有区别的。"可能发生"是指安全状态发展的概率性，其结果有两种可能，如果未及时正确防范，系统发生危险事件的可能性就会迅速增加，甚至真的发生；如果防范得当，危险事件就可以不再发生，这就实现了防患于未然。"潜藏着"讲的是客观事物的隐蔽性，不管人们能不能发现，潜藏着的祸患都是一种客观存在。

第三，从提高安全生产水平的根本目的来说，隐患排查治理和风险管控在本质上是统一的。安全隐患都是从风险衍生而来的，因此排查管控风险对于消除隐患有着系统性、深层次的意义。反之，各种隐患是安全风险的具体表现形式，因此消除隐患对于有效降低系统风险更具有基础性和根本性的作用。

人们普遍将安全隐患一词解释为潜在的危险，有发生危险的可能。2019年3月1日，中国民航局发布的《关于印发民航安全隐患排查治理长效机制建设指南的通知》将安全隐患定义为风险管理过程中出现的缺失、漏洞和风险控制措施失效的环节，包括可能导致不安全事件发生的物的危险状态、人的不安全行为和管理上的缺陷。图1-5展示了风险管理与安全隐患排查治理的关系。

这里可以把危险源分为第一类危险源和第二类危险源。第一类危险源是可能发生意外释放的能量（能源或能量载体）或危险物质，如运行中的车辆、飞机，生产、加工、贮存危险物质的装置、设备、场所，工作中的发电机、变压器，油罐；第二类危险源是可能导致能量或危险物质约束或限制措施破坏或失控的各种因素，如登高作业未佩戴安全带/未穿安全鞋，湿滑的地面，昏暗的灯光，接触腐蚀性物质未佩戴防护措施。安全隐患即风险未得到有效管控而产生的衍生品，特征为经过排查治理可消除。进行工作时，应建立长效机制，持续、常态化开展安全隐患排查工作，有效识别生产经营中影响安全生产的所有重大安全隐患和一般安全隐患及其状态、影响路径、影响范围。

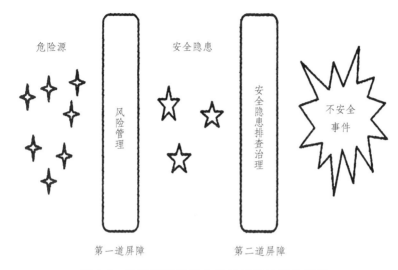

图 1-5　风险管理和安全隐患排查治理的关系

1. 安全隐患的主要特征

（1）隐蔽性。隐即隐蔽、藏匿、潜伏。不及时认识和发现隐患，迟早会演变成事故。

（2）危险性。一个小小的疏忽，就可能发生危险。

（3）突发性。量变到质变，渐变到突变，小患不治，大祸临头。

（4）因果性。有因必有果，有果必有因，隐患是事故的先兆。

（5）连带性。拔出萝卜带出泥，一种隐患往往会牵扯出另一种隐患，祸不单行。

（6）重复性。隐患治理过一次或若干次，不等于从此销声匿迹；事故不会因为发生过，就不再发生。

（7）意外性。超出认识，始料不及。

（8）时限性。时至而疑，知患而处，必导致严重后果。拖得越久，代价越大。

（9）特殊性。世上没有相同的树叶，同一种隐患，在不同条件下总会存在差异。

（10）季节性。某些隐患随着季节的变化而变化。

2. 风险的主要特征

（1）客观性。风险是客观存在的，不以人的意志为转移，即风险是无法完全控制和排除的。风险的发生有一定的规律性，这种规律性为我们提供了认识风险、评估风险和进行风险管理，从而将风险所造成的损失降到最低的可能性。

（2）损害性。一般的风险发生会给人们的生活带来损害。物质上的损失往往是可以用货币来衡量的，但一旦造成人身损害，就难以用货币来衡量了。总之，风险的发生将会对我们的生活产生影响。

（3）不确定性。空间上的不确定性：风险发生的具体地点是不确定的。时间上的不确定性：即便确定某种风险肯定要发生，但发生的确切时间往往是无法确定的。损失程度上的不确定性：每次风险事故发生所造成的损失事先是无法预知的。

（4）可测定性。就总体而言，利用数理统计的原理及方法，针对一定时期内特定风险发生的频率、损失情况加以总结和综合分析，依据概率论的原理可得出基本正确的预测结论，从而正确指导管理层做出下一步工作决策。

关于危险源和隐患之间的关系，从范畴上看，危险源的范围大于隐患，隐患涵盖于危险源之中；从产生根源上看，危险源是系统运行所固有的，隐患是由没有受到控制或失去有效控制的危险源构成的；从特性上看，不是所有的危险都能够被完全消除，而隐患是能够被消除并且应该被消除的；从分析的侧重点上看，对危险的分析聚焦在发生的可能性和可能造成的最严重后果，而对隐患的分析则更聚焦于其产生的原因，有助于找出风险管理上存在的问题，从而从根源上消除隐患，并更好地防止隐患的产生；从工作的先后顺序来看，两者既有先后，又同步进行；从管理的目标上看，对危险是控制—缓解，对隐患是治理—消除（见图1-6）。

两者都是导致安全事故发生的条件，任何一个环节的管理失误都有可能导致安全事故的发生。缺少对危险源的管理，就不能对所面临的风险进行充分的认知，安全隐患管理就会失去方向，从而变得漫无目的。缺少安全隐患管理，危险源的控制手段就会失效，导致安全风险失控。安全隐患管理是围绕危险源的控制措施，没有危险源就谈不上安全隐患，因此两者的管理工作必须同步进行，缺一不可。

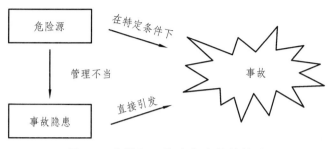

图 1-6　危险源、隐患和事故的关系

三、自愿报告的定义

安全信息中包含的自愿报告信息也需要明确其定义和范围。航空安全自愿报告理念始于 20 世纪 70 年代美国的 ASRS（Aviation Safety Reporting System），随后其他国家也纷纷建立了各自的自愿报告系统，为航空安全做出巨大贡献，促进世界民航安全水平的提高。在孙瑞山的提议下，我国于 2003 年启动国家层面的航空安全自愿报告系统，以增加收集的信息量，提高安全信息的可信度。伴随自愿报告理念逐渐深入人心，2005 年起民航企业层面纷纷着手建设自己的自愿报告系统及安全信息管理平台。随着民航业对安全水平的要求逐渐提高，员工自愿报告信息按照国际民航组织 9859 文件的建议已成为安全管理体系（SMS）的重要信息来源。

自愿报告是一种自愿、非强制进行的报告，具有自愿性、保密性和非处罚性 3 个特点。这些基本原则制定的目的主要是鼓励报告者积极提供相关信息，以保证最大限度地收集信息，并营造一种良好的航空安全文明氛围。其中自愿性是基本原则的基础，指报告者自愿提供信息，并非任何人甚至是在道德下的逼迫或威胁而说出某些事情，自愿性使人们在说出某些情况时并无任何压力，使信息可信、可靠，是信息可靠性的保障。保密性是基本原则的保障，保密性对于报告者来说是最重要的。这也是自愿报告与举报之间最根本的区别，很多参与运行的一线人员报告设备故障等物的不安全状态时态度是诚恳而积极的，但是涉及他人作风或操作、人的不安全行为、管理的缺陷问题时就会遮遮掩掩，甚至会选择隐瞒。此时自愿报告的保密性给报告者提供了一个有利的环境，在不暴露自己身份的情况下将问题反映出来。这个原则就是告诉大家，他们说的信息不会被任何人知道，他们报告后不仅不会被他人记恨，还会为之后的航空安全提供保障，这是很有意义的事情，需要在企业或单位内部营造健康的安全文化。非处罚性是基本原则的前提，对于这些存在人为失误的运行人员来说，不安全事件的发生本来就让他们内疚，但主动报告的行为可以视作对错误的正面沟通和积极解决的态度，所以即便他们在运行过程中出现某些错误，也不应在他们提供真实的信息时再对他们进行处罚，更不会把这些情况作为对他们进行处罚的依据。

自愿报告所收集的信息主要是安全事件强制报告等信息系统收集不到的信息，特别是涉及航空器不良运行环境、设备设施缺陷的报告，由于不经心或无意造成违章事件、人为因素事件的报告，涉及执行标准、飞行程序的困难事件报告。

有效自愿报告的组织应该具有以下 5 个特质：

（1）明确的意愿报告差错和经历；

（2）由具有航空专业知识的专业人员来接收信息；

（3）报告具有灵活性，报告的信息在特殊情况下能够直接传递给最合适的决策者或处理者；

（4）学习型组织有能力从中获取结果，并且实施重大改革；

（5）对于提供重要的安全相关自愿报告的人，有负责鼓励和奖励的组织。

下文将会从这 5 个方面对目前飞行训练院校收集自愿报告信息的现状进行深入的讨论和探究。

四、安全信息工作的瓶颈

目前对于飞行训练院校来说，航空安全信息工作还存在较多的不足和困难，具体表现在以下几个方面：

1. 安全信息的数量和质量亟待提高

信息收集是整个安全管理的基础性工作，有效信息的缺乏会导致安全工作被束缚住手脚，无法持续地推进。如今局方建立了中国民航安全信息系统，主要收集整个民航的不安全事件信息，但飞行训练院校的事件信息量始终处于非常匮乏的阶段，对比飞行训练院校巨大的飞行量，安全信息的收集能力和收集途径不符合冰山理论，收集的方式、途径亟待提升和拓宽。近年来，局方也意识到通航安全信息收集的重要性，通过修订发布《事件样例》，将通用航空紧急事件和非紧急事件从运输航空中剥离出来，形成符合通航运行实际的样例。安全信息在早期未明确规定具体报送要素、报送要求等，加之安全信息的多样性和广泛性，造成收集到的安全信息五花八门，质量参差不齐，这也会严重影响安全信息的利用分析工作，直接导致决策的偏差。

2. 安全信息缺乏共享

在航空业发达的美国，早在1976年就建立了航空安全报告制度（简称ASRS系统）。这个报告系统是根据飞行员、乘务员、管制员和机务人员等一线人员报告，收集安全信息，然后发送到航空界各个领域，使其他人能够及时地吸取教训，避免同类事件再次发生。这项报告制度为改善美国国家航空安全系统发挥了重要的作用。我国自2004年开始建立航空安全信息报告平台，至今已取得很大的成绩：将这些年的不安全事件汇集成库，便于统计分析，为民航安全运行提供了较多可靠的参考数据。但是必须看到，行业内各地区之间、局方和企业之间还不能够全面、充分地对比、共享、交流安全信息。出于种种原因，一些关键的、有价值的安全信息未能共享，达不到安全管理从盯人盯事到盯组织盯系统的转变，导致同样的错误在不同地区、不同单位，甚至是相同的地点重复发生。

目前，国内安全信息的共享仍然只是通过局方的安全信息系统，独立的共享机制并没有建立。一方面，民航单位/院校普遍持有"家丑不可外扬"的心态，总认为自己内部发生的事件是不可外扬的，否则会抹黑单位/院校的形象；另一方面，缺少信息共享的平台。北美地区每年两次召集航空公司、美国联邦航空局 FAA、机场和空管等多家单位召开infroshare（信息共享）大会，会上各家单位会就自己发生的事件和经验教训进行分享，取长补短，而且所有信息都不得作为政府处罚的依据，目前国内尚未建立类似的安全信息共享平台。

第二章
航空安全信息的收集与利用

如何有效地收集需要的航空安全信息，这一直是安全信息工作中的一个难题。本章以事件信息、安全隐患信息、自愿报告信息的收集工作为例进行逐一分析。

第一节　事件信息的收集

一、事件信息的定义及蕴藏其中的价值

事件信息收集工作最基本的要求是保证安全信息的完整性。一条完整的事件信息应至少包括事发时间、事发单位、事发地点、机型/机号、任务性质、人员、简要经过、设施设备受损情况、人员受伤情况、报告人及联系方式等基本信息，但在实际报送过程中，一线从业人员在上报事件信息尤其是未造成飞机损伤或无明显严重后果的信息时，没有引起足够的重视，往往上报的信息要素不全，要么缺少任务性质的描述，要么在描述简要经过时敷衍了事，给安全信息管理人员在后续进行分析时造成了很大的困扰。在讨论如何收集事件的信息前，需要明白事件信息的定义和事件信息中蕴藏的巨大安全价值。

事件信息是指在民用航空器运行阶段或者机场活动区内发生航空器损伤、人员伤亡或者其他影响飞行安全的情况，主要包括：民用航空器事故（以下简称事故）、民用航空器事故征候（以下简称事故征候）以及民用航空器一般事件（以下简称一般事件）信息。

因航空业在不断的发展，人们对于航空运输安全的需求也日益提高，

加之目前身处大数据时代的潮流中，信息的收集便尤为关键和重要。从以往的历史经验来看，多起事故在发生之前都会有或多或少的预警事件，只是这些事件并没有发展为事故，而待这些预警事件（征候）发展成事故时为时已晚。

1974年12月1日上午，TWA的514班机飞往华盛顿国家机场，因为国家机场大风天气，该航班备降杜勒斯国际机场。在距离杜勒斯国际机场44英里时（1英里=1.609 3千米），机组收到进近许可，12号跑道VOR/DME进近。在上午11时09分，这架波音B727飞机撞向弗吉尼亚州的韦瑟山，飞机损毁，机上92人全部遇难（见图2-1）。在这一起事故中，主要原因就是空管发布进近许可的程序和术语不够规范，机组误解了ATC的许可指令，盲目下降高度，撞山坠毁。而调查过程中还有其他发现：事故发生6周前，美联航在杜勒斯机场实施同类进近时，犯了同样的错误，幸运的是错误被及时发现并改正。从这个事故可以看出，如果之前的预警事件信息被广泛地利用、共享，这起悲惨的事故实际上是可以避免的，也更体现出事件信息收集、分析、共享的重要性。

图2-1　波音B727飞机撞山事故

事故及事故调查始终是获得预防事故方法和信息的最有效途径。事故可以为危险因素造成后果的严重性提供有力的判别依据。事故的灾难性和高价的损失、影响，促使人们积极地配置资源，以期在一定程度上预防事故的发生。

在事故调查中，必须立即对相关因素进行清晰准确的分析。调查的目的是采取有效的事故预防措施，尤其是对航空公司和飞行训练学校。随着调查不再强调"追究过错方"，而是转向采取有效的预防措施，参与调查的各方积极合作，促使能够尽早调查出事故发生的原因。需要强调的是，追究事故过错方的做法对于预防事故发生这一长远目标是极其不利的。

根据定义，事故是至少对人员造成重伤或者飞机出现重大损坏的事件，但是事故也有可能导致法律诉讼，如"伊春空难"中的齐全军。作为负责事故的当局，调查员经常被视为一个信息来源，这些信息可作为法庭上定罪的依据。因此，证人和其他事故中涉及的人员倾向不把信息透露给调查员，以致调查员不能对发生的事情，尤其是涉及的人为因素进行全面的了解。

事故调查包括分析证据，从而确定所有引发事故的原因，这个过程促进了安全建议的编写和制定。关于重大危险的安全建议应该在危险确定后尽快提出，而不是等到调查结束后（众所周知，"5·14"等严重征候发生后，调查时间大概需要一年，周期非常长）。这些安全建议应该包含在调查的最终报告中。发布安全建议具有以下作用：

（1）确保建议合情合理，符合现实情况。

（2）使其他组织和个人了解建议的措施（共享机制）。尽管安全建议并不是针对其他航空公司或飞行训练学校提出来的，但也会促使他们采取措施避免类似事故的发生。

（3）施加压力以做出快速且恰当的反应。

2018年10月和2019年3月，隶属新加坡狮航和埃塞俄比亚航空公司的两架波音737MAX飞机先后失事，共造成346人遇难（见图2-2），737MAX系列客机随后全球停飞，波音公司的信誉也严重受损。根据一份国会报告，在波音737MAX飞机出现两起坠机事件前，该飞机的开发过程中出现了许多设计、管理和监管方面的失误。众议院在这份长达238页的报告中，描绘了将利润置于安全之上的波音飞机（737MAX），并详细描述了与员工调查相关的"令人不安的文化问题"。调查显示，随着波音尽快完工以与竞争对手空客竞争，波音经历了一些"不必要的压力"。这两起事故，并不是由单一的机械故障、技术失误或者管理不当引起的，而是波音公司的工程师错误的技术假设、波音公司管理缺乏透明度以及美国联邦航空局监管严重不足共同引起的。在埃塞俄比亚航空公司事故发生后，中国民航局第二天凌晨立即发出通知，要求国内运输航空公司暂停波音 737MAX 飞机的商业运行，中国也成为全球首个全面停飞737MAX 的国家。

对这起事故的调查，反映出很多管理层面的问题，而中国民航局在调查尚未结束的情况下果断地叫停了 737MAX 在国内的运行，有效地防范了安全风险，这与上文中提及的安全建议的作用"做出快速且恰当的反应"的理念相契合。

图 2-2　狮航 737MAX 坠机事故

海恩法则、冰山理论等也在不断地告诉我们，每一起严重事故的背后，都存在 29 次轻微事故、300 起未遂先兆以及 1 000 起安全隐患，且不论 1∶29∶300∶1 000 的数据是否准确，但背后体现出来的安全管理观念促使我们更深入地发掘事故背后的真相，从征候、严重事件、一般事件甚至是隐患排查治理着手，将一切发生事故的先兆扼杀于萌芽之中（见图 2-3）。

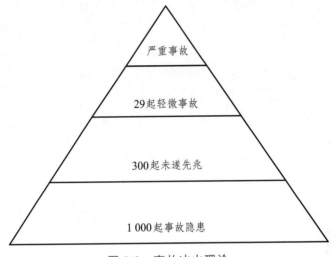

图 2-3　事故冰山理论

如何做到将先兆扼杀于萌芽之中，从表面上看就是做好潜在不安全事件的分析、共享，根源在于做好事件信息的报告收集。以下先介绍事件报告的发展历程。20 世纪 70 年代以来，国际民航组织一直在各附件、《空中航行服务程序》（PANS）和各种文件中引入规定，要求各国建立报告系统以收集安全数据和安全信息。ICAO 在《国际民航公约》附件 19（安全管理）中提到："各国必须建立强制性安全报告制度，包括事故征候报告。国家和服务提供者制定的报告系统应尽可能简单，以便于访问、生成和提交强制性报告。强制性安全报告系统应旨在捕获所有关于事件的有价值的信息，包括：在何处、何时发生了什么，向谁报告。此外，强制性安全报告系统应能捕捉已知导致事故发生的一些特定危险，及时识别和通报此类危险被认为是有价值的""各国必须建立自愿性安全报告制度，以收集强制性安全报告收集不到的安全数据"。国际民航组织在《Doc9859 安全管理手册》第四版中，用两个章节来描述"安全数据收集和处理系统"以及"安全数据、安全信息及相关来源的保护"，充分说明了安全信息的重要性和价值（见图 2-4）。

图 2-4　民航安全信息收集体系

　　中国民航局于 2005 年 3 月 7 日发布《民用航空安全信息管理规定》（CCAR-396），标志着国内航空安全信息的收集利用走向规范化、制度化。《民用航空安全信息管理规定》又于 2007 年、2009 年、2016 年完成三次修订，进一步规范完善了事件信息的收集、分析和利用工作，对全民航的安全信息发展起到了指导作用。2010 年发布的《民用航空其他不安全事件样例》（AC-396-AS-2010-05），其中列举明确了 396 部中定义的"民用航空其他不安全事件"的主要样例，标志着我国安全信息收集报送迈入新阶段。后续为了完善事件报送，民航局又更新发布了《事件样例》并修订了 2 次，我国各单位的信息收集分析利用能力也随着规定的不断迭代更新，得到了巨大的提升（见图 2-5）。

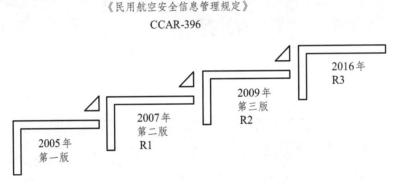

《民用航空安全信息管理规定》
CCAR-396

图 2-5　安全信息管理规定改版过程

二、如何收集安全信息

在收集安全信息的过程中，每个单位都需要确定其必须收集哪些安全数据和安全信息，事件信息也不例外。在这里，就必须对通用航空和运输航空的定义进行区分，才能更好地说明通航信息收集的特殊性。

通用航空是我国民用航空的重要组成部分，它与运输航空共同构成了民航体系，所以具有民用航空的基本特点。但相比运输航空而言，通用航空还有着自身的独特性。这些特点的存在也意味着不能一味地按照运输航空的安全信息管理方法去管控通用航空，要形成区别于运输航空且有着通用航空自身特点的安全信息管理方法。

（一）通用航空与运输航空的区别

1. 机型复杂

通用航空作业类型多样，所以不同用途的机型数量也多，一般都是小型的飞机或者是活动翼的飞机，相比运输航空所使用的机型，机身自身安全性能较差，而且飞机老旧经常更新。在机型种类方面，据统计，截至 2017 年 6 月 30 日，我国通用航空固定翼飞机共计 1 759 架，涵盖 142 种机型；民用直升机共计 909 架，涵盖 70 种机型；公务机共计 203 架，涉及 42 种机型。目前飞行训练院校包括 C172R、C172S、SR20、DA20、DA40、DA42、CE525、新舟 600 等多种机型。机型的复杂性给运行的安全造成了巨大的威胁。运输航空方面，截至 2017 年 12 月 31 日，我国共计拥有运输飞机 3 326 架，涉及 40 种机型，其中波音公司和空中客车公司生产的飞机共计 3 107 架，占比 93.4%，而其他飞机制造厂商（如中国商用飞机有限责任公司、巴西航空工业集团和庞巴迪公司等）生产的飞机仅有 219 架，占比 6.6%。通用航空机型众多这一特点，给前期的统一管理与后期的机队维修保障都带来了一定的困难。

2. 运行环境

通用航空作业的飞行高度大多在 3 600 米以下，属于低空或者超低空飞行。低空飞行的环境更复杂，受天气和地形制约大，出现低空风切变和高山撞击的可能性也更大，而且通用航空的飞机很多都没有安装仪表飞行装置，需要以目视飞行为主，这更增加了飞行的难度。通用航空飞行的特点包括飞行的点多、线长、面广、流动性大、时间不确定且高度分散，作业区域多是在野外等偏远地区，供通用航空飞机起降的机场设备与运输航空的相比也相对简陋。在通用航空飞行作业中，作业现场千变万化，航路结构的难易程度、作业现场的净空条件及通用航空作业的复杂程度等，都会影响飞行安全。

3. 安全管理

与运输航空严谨的安全管理体系不同，通用航空不论是安全管理的政策环境、安全监管手段，还是安全管理专业人员的水平等都严重滞后。因为没有针对通用航空的特点建立区别于运输航空安全管理标准的体系，因而通用航空的安全监管一直脱离实际，安全管理水平也停滞不前。在政策环境上，据不完全统计，2017 年我国共发布了 60 份通用航空类的政策和管理文件，但没有形成良好的政策管理体系，都是零零散散的管理要求，很多现行的管理文件还未与运输航空类的分开，而且其中关于安全管理类的政策文件偏少。在运输航空早早实行 SMS 体系化管理的时候，通用航空的法规制度还亟待完善，安全保障体系和机制还不够健全，安全监察人员缺乏，安全监管能力不足，一线工作人员的安全意识薄弱，安全管理水平低下等问题凸显。这是因为在之前的很长一段时间，通用航空的发展没有得到足够的重视，因而本应与其同步协调发展的安全管理水平严重滞后。

1986 年，国务院发布了《国务院关于通用航空管理的暂行规定》，这是我国第一份指导通用航空业发展的根本性法规；为了规范通用航空飞行秩序，国务院和中央军委于 2003 年 5 月联合颁布了《通用航空飞行管制条例》，该条例从整体上规范了通用航空的审批手续和运营时间等宏观方面的事项，但仍缺少对通用航空飞行的具体要求及实施细则。长期以来，我国民用航空业发展不均衡，致使通用航空的发展远远落后于运输航空，从而形成了一个"腿长"、一个"腿短"的畸形发展格局。究其原因不难发现，指导和规范通用航空发展的法律法规及标准体系滞后是造成目前我国通用航空畸形发展的重要原因。我国现有的通用航空法律法规以及制度规定都是以红头文件的形式制定的，各个地方民用航空管理部门制定的规章、制度以及标准存在着较大差异，因此指导我国通用航空发展的文件零零散散、不成体系，许多现行的规章制度干脆与运输航空规章制度混在一起，因此很难单独针对通用航空的特点来指导和规范我国通用航空业的发展。一方面，促进通用航空业发展的政策性文件在逐年增多，这说明国家正在大力发展通用航空产业；另一方面关于通用航空安全监管的政策文件所占的比例却不高，这表明通用航空的安全监管还有很长的路要走。与运输航空协调同步发展，不等同于用运输航空的安全管理方法去管控通用航空，而是要加快形成适合通用航空各类作业特点的管控办法。

（二）收集安全信息

由于飞行训练院校在通航运行中的特殊性，主要涉及的是通用航空飞行训练这一类别，因此飞行训练院校在民航局最新发布《事件样例》（AC-396-08R2）的基础上，根据学院实际运行情况，制发了《飞行训练事件样例》。样例旨在进一步明确飞行训练院校事件报告标准，拓展信息收集的覆盖范围。样例包含飞行训练紧急事件和非紧急事件两大模块，非紧急事件又分为航空器运行类、航空器维修类、地面保障类、机场运行类、空管保障类以及空防安全类，其中有大量类目都是根据飞行训练院校运行特点制定的，如：着陆过程中发生"海豚跳"，或重着陆导致航空器损伤；航空器着陆前，下降至场压高度 100 米（含）以下，起落架未放到位；起飞质量 5 700 千克以上航空器空中失去一套电源、液压系统；未经批准，航空器时控件超时使用并参与运行"等。样例中大量条目的设定，并不是以造成的后果为收集目的，收集对象瞄准的是无后果的危险事件，或者说是把注意力集中在了对运行过程的管理上。这些样例条目的加入，明确了飞行训练院校事件信息收集的目的和意义，既拓展了事件信息收集的广度，又提高了事件信息的预警裕度。

在《飞行训练事件样例》的使用过程中，明显可以发现收集的不安全事件数量较之新版《事件样例》有了大幅的提升，以 2021 年 4 月（《飞行训练事件样例》正式施行一个月）为例，事件信息的数量同比增长 175%，信息收集数量有了显著提升，为后续的事件分析等工作打下了坚实的基础。

在《民用航空安全信息管理规定》（CCAR-396-R3）中，对事件信息的报送时限、报送方式都有明确的规定，飞行训练院校《航空安全信息管理程序》在局方的基础上对报送规则进行了微调，下面做详细介绍。

1. 当发生的不安全事件符合民航局《事件样例》（AC-396-08R2）时

（1）境内发生的紧急事件报送时限：

电话报告：

① 事发相关单位立即电话：事发后立即通过电话向事发地监管局报告事件信息（空管单位向所属地监管局报告）；

② 监管局收到信息，立即报告所属地区管理局；

③ 管理局收到信息，立即报告民航局民用航空安全信息主管部门。

民用航空安全信息报告表：事发后 12 小时内，填写民用航空安全信息报告表，主报事发地监管局，抄报事发地地区管理局、所属地监管局及地区管理局。

（2）境内发生的非紧急事件报送时限：

① 事发单位参照《事件样例》；

② 事发后 48 小时内，按规范如实填报民用航空安全信息报告表，主报事发地监管局，抄报事发地地区管理局、所属地监管局及地区管理局。

（3）境外发生的不安全事件报送时限：

① 紧急事件发生后，事发相关单位应当立即通过电话向所属地监管局报告事件信息；监管局在收到报告事件信息后，应当立即报告给所属地区管理局；地区管理局在收到事件信息后，应当立即报告民航局民用航空安全信息主管部门。

② 紧急事件发生后，事发相关单位应当在事件发生后 24 小时内，按规范如实填报民用航空安全信息报告表，主报所属地监管局，抄报所属地区管理局。

③ 非紧急事件发生后，事发相关单位应当在事发后 48 小时内，按规范如实填报民用航空安全信息报告表，主报所属地监管局，抄报所属地区管理局。

具体报送流程如图 2-6 所示。

2. 当发生的不安全事件符合《飞行训练事件样例》时

发生紧急事件时，报送要求与局方一致，所以这里只介绍发生非紧急事件的报送要求：

（1）电话报告。事发相关单位应在事发后 30 分钟内通过电话向航空安全办公室报告。航空安全办公室收到事发相关单位报告后，应立即通过电话报告学院有关领导和相关单位，并通报相关单位。

（2）短信报告（适用于民航西南地区）。事发相关单位应尽快将事件简要情况按短信模板编制短信报告航空安全办公室。航空安全办公室收到短信后，应通过短信尽快将事件信息报告学院有关领导，并通报相关单位。

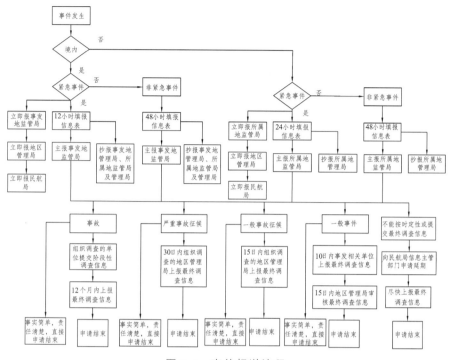

图 2-6　事件报送流程

（3）中国民用航空安全信息系统报告。事发相关单位应在事件发生后 48 小时内，按规范在中国民用航空安全信息系统上填报民用航空安全信息报告表。主报事发地监管局，抄报事发地管理局、所属地监管局和地区管理局。当中国民用航空安全信息系统不可用时，可以使用传真、OA、邮件等方式上报；当系统恢复后 3 日内，应及时进行补报。中国民用航空安全信息系统的填报规范参照《民航西南地区民用航空安全信息报告表填报指南》执行。

（4）飞行训练安全管理系统报告。事发相关单位应在事件发生后 48 小时内，按规定在飞行训练安全管理系统上填报事件信息。当飞行训练安全管理系统不可用时，可以使用传真、OA、邮件等方式上报；当系统恢复后 3 日内，应及时进行补报。

上述民航局、飞行训练院校对于"不安全事件"信息的报送要求，基本是通过时间、内容、报送方式 3 个方面加以监督约束的，只有更及时、更规范、更准确地报送不安全事件信息，才能对后续的分析调查等工作提供有效支持，产生积极的影响。

讲完不安全事件信息的报送规则和流程，民航局最新颁发的《民用航空器征候等级划分办法（AC-395-AS-01）》就尤为重要。《事件样例》规定了事件报告的紧急程度，而《民用航空器征候等级划分办法》则举例说明了事件的严重性。《民用航空器征候等级划分办法》将征候定义为"在民用航空器运行阶段或者在机场活动区内发生的与航空器有关的，未构成事故但影响或者可能影响安全的事件。分为运输航空严重征候、运输航空一般征候、运输航空地面征候和通用航空征候"，但从广义理论上讲，我们可以把危险等级较高、发生后险些衍生成事故的一些不安全事件定义为征候。ICAO 和 NTSB 都将征候定义为事件而不是事故，并联系影响或可能影响安全运行的航空器操作。导致事故的起因也可以导致征候的发生，而且所有的事故都源于征候。每天发生的不安全行为和条件以不同方式结合起来通常会导致征候而不是事故的发生，而征候不断发生为安全趋势的分析和建议提供了更多的参考与预防手段。

在《民用航空器征候等级划分办法》中，运输航空严重征候 21 条，运输航一般征候 31 条，通用航空征候 26 条，运输航空地面征候 8 条，通过列举法写出了典型的征候，方便实际操纵中事件的定性，准确判定和划分民用航空器征候等级，更好地开展安全风险管理，有效预防航空器事故。在 ICAO 新的 SMS 程序中，征候的报告、调查和分析是预防事故的一种高效方式。征候最重要的特点有以下几点：

（1）征候与事故相似，征候不会像事故那样造成终极伤害或损害。因此，征候和事故有类似的危害因素，但是不会造成相关联的伤害或残害。

（2）征候比事故的数量多数十倍。在此我们以通用航空为例，经安全信息网公布，2017—2020 年通用航空共发生 54 起事故，而通用航空征候共计发生 84 起，事故/征候比为 0.643，远高于国际民航平均事故/征候比（见图 2-7）。这更加说明了在通用航空这一个板块全面落实安全管理理念和 SMS 的重要性，应将安全管理理念和 SMS 更好地服务于"放管服"。因此，从征候中我们能分析出更多的危险因素。

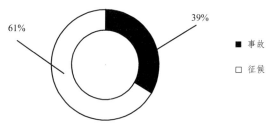

图 2-7　2017—2020 通航事故、征候数量

（3）征候中涉及的人员可以提供更多关于危险因素的信息。

第二节　风险分级管控和隐患排查治理双重预防机制

《安全生产法》等法律法规多次提到安全风险分级管控和隐患排查治理双重预防机制，在我国科技水平不断发展与创新的过程中，不论对于社会还是各类型的企业而言，都需要加大对风险控制机制建立的重视力度。随着时间的不断推移，风险防控与隐患排查机制双重预防机制的防控效果越来越明显，确保此类机制能够顺畅运行是十分关键和必要的。

上文中提到了安全隐患排查治理与风险管理的定义与关系，那么如何建立有效的安全风险分级管控和隐患排查治理双重预防机制呢？

一、风险隐患双重预防机制的主要运作原理

在分析双重预防机制的安全管理工作前，我们应先对风险隐患双重预防机制的内容有一个概念上的理解，有利于展开后续对此机制的研究。风险隐患双重预防机制主要分为两个部分：一是风险分级管控机制，二是针对隐患排查的治理体系。其中，风险分级管控机制的主要内容是指对于作业环境或相关场所的风险进行分析，并采取具有针对性的防治措施，同时还结合了安全管理、环境管理的等级对该岗位的作业风险等级进行评估并分级。在完成分级内容后，再运用隐患排查治理体系下最为适合的管控措施，在保证生产安全的前提下对作业环境中的危险源进行

隔离、及时开展消除作业，通过这种有效的方式能够将安全风险等级控制在合理范围内。在双重预防机制得到有效建立后，为确保该机制的职能可以充分发挥，企业方面应加强对全体员工的动员力度，促使全员参与整个机制的建设，将"预防"贯彻到底。同时，在参与该机制的建立过程中，可充分吸收相关的经验和实践做法，并定期对实践方案进行全面总结，以此制定出更为适合的预防方案，从而提高生产质量和生产安全，同时对一线生产资料予以全面分析和了解，以降低风险的隐蔽性，本着及时发现、及时处理的原则进行预防作业。另外，企业方面还需根据实际情况制定相应的文件，如风险点的科学辨识等，确保编写的规范性；根据生产期间的工艺流程、不同类型的岗位等因素，合理规划评估工作，对各类风险点予以量化评估，直至符合安全规范标准。基于此，双重预防机制的高效、科学应用，能够及时发现对企业生产造成不同程度影响的因素，并及时处理和预防。

二、风险双重预防机制的安全管理要点分析

随着企业在风险防控方面意识的不断增强，风险管控管理与隐患排除治理体系的应用效果十分明显，并已经逐步成为企业开展安全管理工作的必要手段之一。企业方面需科学建立安全生产风险的预警系统及其管理机制，同时，也要实现对该机制的系统化管理，确保整个风险管控机制能够处于正常的运作状态。只有这样才能有效减少企业生产过程中产生的风险，其中包括及时管控作业人员的非安全行为等，减少安全事故的出现对企业、工作人员造成的经济财产甚至是生命损失。

（一）风险预防管理机制的运作流程

在企业开展生产、作业期间，风险预控及其相应管理工作的落实非常关键，该机制能够结合生产环境、岗位危险等级对可能发生的安全事故进行相对深入的识别，有效识别完成后，再对其风险进行分析和研究，将危险源的基本信息予以呈现。另外，该机制能够根据评价、分析的结果对危险源进行有针对性的管控，并开展相应的措施，促使各类活动都

能够处于一个相对稳定的运作状态，以降低安全事故对企业生产效率等方面造成的危害和影响。在该机制的运作期间，主要从以下几方面实现生产全过程管理。

1. 科学辨识危险源

在企业生产、作业期间，危险源能够在很大程度上对该岗位中员工造成生命财产威胁，同时也会对生产作业的质量和效率带来非常不稳定、不利的影响，有损企业的经济效益。所以，科学、有效地识别危险源，能够明显降低安全事故或风险隐患出现的概率，加强对危险源的认识力度，同时这也是确保风险预控管理体系稳定运作的必要条件。企业方面可在科学辨识危险源的环节中，将可能造成人员伤亡、职业病的情况，以及工作环境等方面作为出发点，并由专门的安全管理人员协同相关岗位的技术人员制定并出台相应的《岗位危险源辨识及防范手册》等文件，确保各个环节能够有效预防安全事故的发生，确保企业方面能够根据实际生产情况，保障全体员工对危险源有充分的辨识能力，并将危险源的辨识工作覆盖到所有生产流程及其环节，不仅对作业岗位，还需对装置设备、作业环境等方面开展识别工作，确保整个环节的参与完整性，避免出现遗漏问题。另外，相关人员还需针对危险源的类型进行及时梳理，逐步完善防范手册，定期开展学习组织大会，从而全面、有效地增强企业对生产风险的有效防控。

2. 风险评估

在科学识别危险源后，企业安全管理部门及其相关工作人员应针对危险源的形成条件开展进一步的分析与评估。一般选择采用 LEC 风险法进行评估，其中"L"代表产生事故及危险情况的可能性，"E"代表暴露在危险环境中的具体频率，"C"代表危险源对生产作业产生的危害程度，并将这个危害程度确定其风险等级。企业方面在确定风险等级后，可通过实际的风险点设置相应的管控层级，包括企业分厂、工段、岗位等，全面落实责任单位及其相关负责人，妥善准备后，可开展针对性的管控措施。具体到管控措施的内容，主要包括以下几方面：首先是对制度的管理，以及对作业人员开展的培训工作，以及在面对安全事故出现时的应急措施等。将各个工段生成的风险评估报告拟定初稿，并将其上报至相关风险管理部门，需完善该部门的各部分职能，包括现场操作人员、管理人员等，在这个前提下对风险管理部门的风险评估报告予以逐步完善，确保没有内容遗漏。其次可采用双向反馈的方式，将风险评估报告进行修改和审核，完成后执行。以一年为单位，相关企业可对危险源的风险进行分级处理，确保整个风控体系能够处于不断发展和更新的状态，逐步完善该体系的功能。这是确保安全管理工作可以发挥出真正作用的关键措施，科学提高企业的生产效益，促进企业的经济可持续、长远发展。

3. 及时警示风险

企业方面应加大对风险、危险源等信息的公布力度，避免出现信息差，除了风险点的基本信息还包括风险的主要类型、危害等级，以及具体的管控、应急措施。为达到相应的预防效果和水平，相关部门可在定期培训的过程中，使所有员工都能够对风险的基本情况有一个全面的了解，并确保其能够运用防范措施及应急方法。在确保风险点得到足够的警示作用后，还需对容易产生安全生产风险的岗位设置相关的通知单。通知单的内容主要有该岗位的关键危险点及因素、危害后果、预防和应急措施，以及用于报告的联系方式等。为加大此风险的警示效果和作用，应该在作业场所设置便捷报警的设备或装置，并对现场配置专门的安全通道。在开展正常作业的过程中，相关人员应结合风险预控措施，加强对危险源的辨识水平，保证风险评估的准确性。同时，结合实际生产情况制定专门的管理标准，结合高效的管控措施将大部分危险源予以高效控制。

危险源演变为事故的过程如图 2-8 所示。

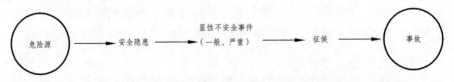

图 2-8　危险源演变为事故的过程

（二）隐患排查治理体系的科学运用

1. 隐患排查治理体系的建立

若部分危险源经过了风险控制体系的排查，但没有完全消除，很可能是因为生产环境、条件的变化而加重了危害作用，这种危险源也被称作隐患。针对这类隐患因素，则需要进入针对隐患的专项治理环节。所以，隐患排查治理体系的建立非常重要。该体系主要以公司的负责人、管理人员、分厂管理人员为主，建立相应的隐患排查治理部门，另增设安全环保办公室。为确保隐患排查治理部门可以充分发挥其职能和防控作用，该工作内容的落实需建立在全体员工之中，并根据治理结构建立相应的组织，建立公司→分厂→工段→班组逐级管理的隐患排查体系，明确此隐患排查的管理制度。在进行日常安检过程中，若出现违规行为，如某作业环节该岗位人员违规操作，并存在违反纪律的情况。针对此类情况，检查人员需严格按照规章制度要求其整改，对更改内容进行及时记录，并在季度、年度安全例会上根据此类情况进行全面的统计和分析工作，有效抑制此类违章行为的发生频率。在对生产设备、装置进行定期核查的过程中，若设备的运作状态处于非安全状态或其他隐患，需要对其进行立刻整改，在现场整改完毕并记录才可以结束。对于部分隐患难以在短时间内更改的，要及时上报，直到接收到确切的整改信息和负责人，最后经过现场验收，以形成整个生产全过程的闭环管理。

2. 充分且全面地发挥隐患排查体系的职能

在落实隐患排查体系的过程中，企业相关部门需有针对性地增强各方面的安全工作，并以此完善责任制度，确保各个环节都有相应的安全责任人，通过这种方式能够有效完善问题，改善针对性导向政策。

首先，企业方面应增强企业责任制度的实效性，确保各个环节有明确的责任人，并对其设置相应的、专门的职责。在此期间，安全管理部门可联合管理人员或领导人员，召开各类关于安全生产的专题会议，将安全管理思路进行统一，确保安全生产的根本原则能够完善建立。同时，还需针对管理薄弱点增强资源配置，保障部署的完善。基于此，可设置相应的管理负责人以及专门的组织实施人员。

在逐步完善安全管理工作的过程中，还需对双重预防机制的执行度加强重视，根据实际生产情况构建完善的风险控制等级制度以及隐患排查双重机制的实施计划或方案，并确保此类方案能够高效、全面地施行。

其次，相关部门可根据行业监管完善并落实安全检查职责，并按照省级、市级、区级划分展开联合执导工作。另外，监管人员需在日常工作计划中完善监管执法制度，确保各类检查过程顺利指导模范试点单位开展相应的体系建设作业，促使企业方面能够在第一时间发现风险问题并及时处理。

第三节 建立有效的信息收集和报告机制

如何建立有效的信息报告/收集机制，从而延伸为一种公司/单位的安全文化呢？这是全民航一直在探索的一个问题。下面从几个角度来进行分析。

一、什么是有效的信息报告/收集机制

进行信息分析决策的源头来自一线运行人员的报告、安全信息的收集工作，而通过通航的不安全事件、征候以及事故的数量可以看出，我们在通用航空安全信息的收集上做得还远远不够。运输航空经过多年运行建立了成熟的安全管理体系，下面我们通过对业内安全信息工作的佼佼者春秋航空安全信息收集工作的介绍，梳理通用航空在这方面的不足之处。

春秋航空的安全信息报告、分析机制在行业内一直是大家学习的对象，它通过建立可靠有效的系统应用，并宣扬独有的安全报告文化，通过这些方式来进行航空安全信息的收集利用。公司的信息收集分为内部信息和外部信息，内部信息又细分为员工安全报告、过程监控信息、其他生产系统，外部信息分为行业安全信息、代理人信息。这些信息经过安全质量管理网（SQM）进行核实清洁分类入库，并对安全数据库中经

过过滤的信息展开数据分析与挖掘。春秋航空的信息处理系统具有以下特点：

（1）系统间数据交互共享；SQM 报告（中英文）、移动报告端口、MIS、FOC、HCC、HR、FTM 等系统信息共享接口等。

（2）集成运行过程监控数据；监督检查、审核、事件调查统一输出数据。（见图 2-9）

（3）SQM 的多个功能。自主开发安全质量管理网（SQM），涵盖了10 项安全管理机制，包括 18 个一级功能和 85 个二级功能。（见图 2-10）

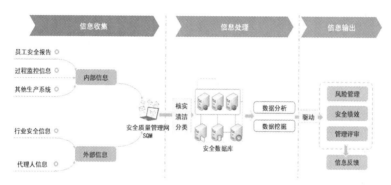

图 2-9　春秋航空安全信息收集、处理和输出示意图

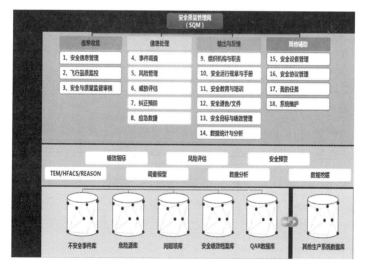

图 2-10　春秋航空安全质量管理网（SQM）

从图 2-9 和图 2-10 可以看出，春秋航空之所以在安全信息工作中有着出色的表现，得益于他们有着成熟的安全信息收集流程和先进的安全信息处理系统。

首先，从信息收集的渠道上看，所有公司、单位收集信息的主要渠道都是员工的安全报告，同样学院的自愿报告、强制报告中，员工的安全报告占了非常重的比例。还有就是过程监控信息，主要通过机场的监控设备、QAR、机上的 FDR/CVR、日常不定期的检查、"四不两直"等手段获取监控信息。这部分的信息是否能收集到，关键在于监管技术的实际利用率，而行业安全信息的意义在于借鉴，通过共享提取自身所需的信息，进行安全信息的互通，代理人信息只能对整个安全信息的收集起到辅助补充的作用。如果说春秋航空在安全信息收集的工作中有着突出的表现，关键在于他营造了全员参与全员报告的积极安全文化，通过各种激励手段（如资金鼓励、绩效奖励、主动报告不惩罚等方式）建立报告习惯、文化。在春秋航空公司政策主动报告减免、信息报告奖励、不诚信加重处罚等政策引导和信息收集渠道拓展下，报告数量和质量大幅提升。2019 年收到有效信息报告 32 669 份，同比增加 58.8%，报告自身问题占比超 10%（见图 2-11）。同时，公司对科技创新的利用，如监控的覆盖面和抽查频率、现场监察的效果等。

图 2-11　2011—2019 年信息报告统计

其次，从安全信息的处理流程来看，春秋航空通过安全质量管理网

（SQM）将收集到的安全信息进行汇总、核实、清洁、分类，因此要全面地处理各类信息，必须建立安全信息的汇总集成系统。系统必须有足够的存储内容，必须延展到一线人员、管理人员和领导层，保证这些人员可以熟练使用；各类安全信息在报送收集上来后进行内容的筛选分类，格式的规范统一，这需要系统拥有独立强大的计算功能，这也是春秋航空在安全信息分析方面的先进之处（见图 2-12 ）。

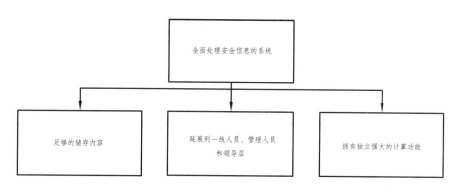

图 2-12　安全信息系统的特征

最后，安全信息的输出，也就是建立信息驱动的安全管理模式（见图 2-13）。春秋航空收集来的大量数据，利用系统/人工转换为可用的安全信息，并进行格式上的统一。这些可用的安全信息对信息的输出是至关重要的。只有做到充分地收集信息、合理地分析信息，才能产出准确的决策信息。春秋航空的决策信息分为风险管理、安全绩效和管理评审 3 类，将信息纳入风险管理，使公司可以尽可能地挖掘存在的隐患风险，根据冰山理论有效遏制事故、征候以及不安全事件的发生。安全绩效可以有效评估整个公司的安全形势和风险状况，以便采取更合理的措施提高公司的安全效能。将安全绩效与收益挂钩，可以有效提高一线员工对于安全的重视程度和参与积极性，真正做到全员参与的高层次安全文化水平。

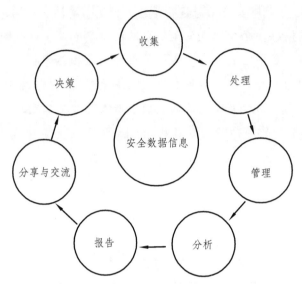

图 2-13　安全信息的处理流程

二、民航局获取飞行训练院校信息的途径

学习春秋航空的安全信息工作经验后，下面重点探讨一下局方是如何开展安全信息收集工作的。

局方获取安全信息最主要的途径之一便是"中国民用航空安全信息系统"（http://safety.caac.gov.cn）中的信息报送。报送规则在上文中已进行了详细阐述，由于《事件样例》（AC-396-08R1）是 2018 年 1 月 1 日起开始施行的，其中对鸟击的报送标准有较大改动。因此 2018 年和 2017 年对比，事件数量会有较多的下降，所以本书统计了 2018—2020 年收集的事件信息数量（见图 2-14）。

从图 2-14 可以看出，民航局"中国民用航空安全信息系统"年收集不安全事件数量大约为 1 万件。这些不安全事件也是后续指导民航安全工作的重要依据。

民航局委托中国民航大学建立了航空安全自愿报告系统（SCASS）。2004 年，中国民航正式启用了航空安全自愿报告系统（SCASS）。该系统于 2004 年 11 月收到第一份报告。目前该系统网上报告分为飞行人员、

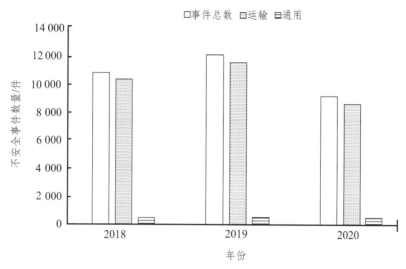

图 2-14　2018—2020 年收集的事件信息数量

机务人员、空管人员、机场地面人员、空防安全事件、乘务人员、管理人员、其他人员几大板块，各自愿报告者可在对应板块找到上报界面。但是由于各个航空公司之间存在壁垒，加之很多涉及航空安全的自愿报告比较敏感，困难、问题基本都在航空公司内部被消化。因此，这些年SCASS 系统收集的自愿报告少之又少。信息量少对于信息分析工作是极其不利的，因为 SCASS 系统只能在仅有的数据信息量中寻找涉及航空安全的关键要素进行分析共享。

前文详细描述了安全信息的定义以及收集、分析机制，那么安全信息是如何影响航空公司或事业单位的安全管理的呢？安全信息又是如何对管理层的决策产生影响的呢？

首先要明确安全管理体系（SMS）的定义：安全管理体系（SMS）是国际民航组织倡导的管理安全的系统化方法，它要求组织建立安全政策和安全目标，通过对组织内部组织结构、责任制度、程序等一系列要素进行系统管理，通过对组织内部组织结构、责任制度、程序等一系列要素进行系统管理，形成以风险管理为核心的体系，并对既定的安全政策和安全目标加以实现。安全管理体系是由安全政策和目标、安全风险管理、安全保证和安全促进 4 大模块，12 个要素组成，从理论上构建了一个成熟的安全管理模型，目的是向服务提供者提供一种系统性的安全管理做法（见图 2-15）。

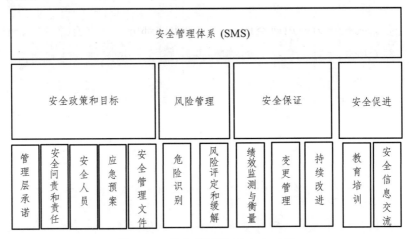

图 2-15　安全管理体系 4 大支柱

它旨在通过以下方面来不断提高安全绩效：查明危险、收集和分析安全数据和安全信息，以及持续评估安全风险。安全管理体系力求在安全风险引发航空事故和征候之前采取主动措施来降低这些风险。它使服务提供者能够有效地管理其活动、安全绩效和资源，同时更深入地了解它们对航空安全的贡献。

按照国际民航组织的要求，结合中国民航航空安全工作实际，中国民航自 2006 年起在全行业大力推进安全管理体系。当前已经完成了对所有航空公司 SMS 的补充审计，机场、空管、维修、空防安全等系统的安全管理体系正在加快推进中。在此基础上，结合国际民航组织新推出的持续监测做法（CMA）及国家航空安全纲要（SSP）的要求，相继在民航企事业单位开展安全管理体系审核的试点工作，将更加注重安全管理体系审核的实际效能，注重安全管理体系建设和运行的有效性。

安全信息是安全管理体系建设中至关重要的一环，如果把安全管理体系比作一个人，那么安全信息便是这个人的"血液"。血液的质量、体量，决定了这个人的健康程度，因为安全信息的质量、数量也就决定了安全管理体系的顺畅运转。

2018 年 3 月 16 日正式施行的《民用航空安全管理规定》(CCAR-398)提到，民航生产经营单位应当依法建立并运行有效的安全管理体系，而飞行训练院校作为通用航空的一个重要组成部分，建立有效的安全管理体系刻不容缓。要建立行之有效的安全管理体系，必须在安全信息上下功夫。

三、安全信息收集的途径

(一)事件信息的收集

收集事件信息首先要制定多个规章程序，以满足安全信息报告、收集、分析、利用的需求。

根据《中华人民共和国安全生产法》《中华人民共和国民用航空法》《民用航空安全管理规定》等规章，制定本单位的《航空安全管理手册》。手册按照 SMS 4 大支柱和 12 个要素的构架，在风险管理、安全绩效管理、安全检查、内部/外部审核等章节嵌入了对安全信息报送的要求，并且在安全信息管理章节，明确了各单位部门的职责分工、管理机制等内容，为学校顺利持续开展安全信息工作打下了坚实的规章基础。

《航空安全管理手册》中包含了多达 26 部支持性安全管理程序，这些程序的制定实施对安全管理手册起到了补充完善的作用，其中《安全信息管理程序》在支持性程序中是基础，也是核心。

飞行训练院校在《安全信息管理程序》的制定过程中，结合了国际民航公约附件 19、ICAO_9859 等先进经验理念，依据并参考了《民用航空安全信息管理规定》《关于印发〈民航西南地区航空安全信息管理实施办法〉的通知》《民用航空器事件调查规定》等多部局方文件，在 CCAR-396 对于安全信息分类的基础上，将安全信息又细分为事件信息、安全监察信息、综合安全信息和飞行训练不正常情况（见图 2-16）。

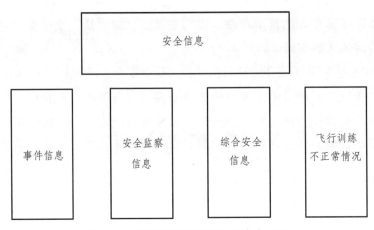

图 2-16　飞行训练院校安全信息分层

　　飞行训练不正常情况是指在生产运行（指与飞行训练有关的航空安全活动）过程中发生的影响运行正常的情况，但不构成事件。顾名思义，"飞行训练不正常情况"是学校在 CCAR-396 的基础上，根据实际运行情况，新增加的一个内容。制定的初衷是由于事件信息主要依据样例中的内容进行报送，而综合安全信息涵盖的内容又太过宽泛，飞行训练中发生的一些不正常情况便成了监管中的盲区。根据冰山理论，要将事故、征候等扼杀在萌芽中，就需要尽可能深入地探寻问题的根源，这时就需要寻找比不安全事件更深层次的原因，飞行训练不正常情况便应运而生。

　　CCAR-396 中要求"紧急事件发生后，事发相关单位应当立即通过电话向事发地监管局报告事件信息"，而对于"立即"这个词，每个单位都各执己见。《安全信息管理程序》在领会局方精神的基础上，明确要求了电话报告的具体时间，这也为后续事件信息的及时、顺利流转打下了坚实的基础。《安全信息管理程序》不仅在内容上对安全信息的收集进行了拓展，并且在分析利用上也提出了新的思路和要求，这为"信息驱动的安全管理"筑牢了规章基础。

　　现在很多飞行学院因空域资源不足、运行受限等因素，在全国各地都设有分院、基地，这些分院、基地因距离较远、管理制度不足或责任意识不强，导致安全信息收集渠道不通畅，信息报送质量偏低，安全管理难度倍增。因此，需要它们根据总院的《安全信息管理程序》，制定适应本单位运行实际的相应信息程序，形成手册程序对运行主体的全覆盖，在大数据时代获取全体数据信息，对整体的安全形势有一个更精准的把控，从而有利于决策层做出最正确的决策（见图 2-17）。

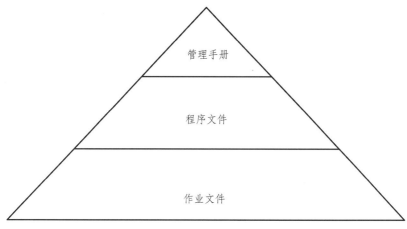

图 2-17　安全文件层级

（二）畅通事件信息收集渠道

首先需要明确的就是事件信息的来源有一线员工上报、管理者的监督检查等形式，其中最重要也是信息量最多的一种收集形式便是一线员工的上报。因此，打造安全信息报告的环境极为重要。及时和准确报告不安全事件是现代航空安全管理项目的核心。为了便于安全信息的收集，便于员工信息的报告，减少信息报告中的烦琐流程和环节，飞行训练学校需要遵循以下几点原则：

1. 什么信息是一线员工需要报告的

首先，飞行训练学校的信息报告制度，应不需要一线员工（信息源）来判断哪些信息应该报送，如何报送，哪些没有意义的信息不需要报送。所有涉及飞行训练运行的不正常情况都应该通过简单、高效的途径统一报送到专业的安全信息管理部门或人员。这一原则充分保障了信息报告收集的全面且尽可能地无遗漏，也可避免一线员工主观上误判导致的漏报、迟报等现象的发生。

从事安全信息管理工作的人都知道，局方下发了《民用航空器安全信息管理规定》《事件样例》《事件信息填报和处理规范》等多个关于事件信息报送的规定规章，但这些规章、规范性文件的具体要求，就算是专业的安全信息管理人员也会因某一条规定模棱两可而感到迷惑，更不用说没有经过系统培训的一线员工了。因此，我们需要飞行训练学校的管理层向员工传达一个声音，即任何与安全相关的信息，无论满足《事件样例》报送标准与否，无论是安全建议或安全投诉，都应该在发现的第一时间进行上报，不应对安全信息的种类等进行分辨。另外，对于员工报送的信息严格实行保密制度和无惩罚制度。

但是在实际运行过程中，一线员工报送的信息内容往往不全，当公司或单位安监部收到的事件信息缺乏很多关键要素时，就会和报送信息的部门、人员进行沟通获取完整信息。这样会出现几个问题：① 沟通不畅，无法第一时间联系到当事人或当事单位；② 沟通非事发的第一时间，当事人对关键信息的记忆有可能已经模糊；③ 信息传递的周期变长，当事人或当事部门会针对信息的利弊做出思考，可能造成关键信息的失真甚至瞒报。

针对以上可能出现的问题，飞行训练院校可以根据本单位在不安全事件发生后第一时间想掌握的信息要素，制定一张符合本单位运行实际的安全信息填报单（见表 2-1）。

表 2-1　安全信息填报表

安全信息	要素	填报关键点（说明）	填报结果
基础信息	填报单位	事发单位	
	填报人	姓名	
	联系电话	报送人所属部门电话或报送人手机号，确保安全管理部门能通过此电话联系到报送人	
	事发时间	具体到分钟，格式：20××-××-×× 15:30	
	发生地	发生地为事件实际发生时的地点（航空器投影地）。对于机场责任区鸟击事件，发生地为相应的机场；对于涉及多个事件类型的事件，以主要事件类型的发生地为准	

续表

安全信息	要素	填报关键点（说明）	填报结果
具体信息	航空器（飞机）	涉事航空器/当事人所驾驶航空器	
	机型/机号	—	
	任务性质	—	
	事发阶段	参照《运行阶段与地面阶段》（AC-396-AS-2014-06）进行填报	
	航空器是否损伤	—	
	详细经过	详细描述事件发生的经过，可填入当事人或单位在事发时采取的处置措施，以完成对事件的全过程描述。 注意： 1. 经过描述应包含以下信息：某年某月某日，某机型执行某地至某地航班/或飞行训练任务，当日几点几分起飞，发生什么情况，包括机组或当事人处置经过，有什么后果，航空器于几点几分落地； 2. 如涉及航空器损伤，应具体描述航空器损伤情况、放行情况及放行依据；如涉及人员受伤，应描述人员受伤情况	
	事发后采取措施	后续处置情况等	
	备注	其他需要说明的情况	

2. 一线员工应通过什么途径报告

各单位都制定了符合自身运行实际的报送流程，不过由于种种原因以及事件信息的敏感性，部分单位的信息报送流程过于烦琐，事件信息在报送的过程中已有不同程度的失真。这对事件后期的调查取证工作，以及事件信息的分析利用都带来了负面的影响。因而，如何简化事件报告的流程，成为安全管理者面临的一个难题。

在实际工作中，总结了几个报送事件信息的途径，可以有效收集到第一手安全信息，并且尽量保证安全信息的真实可靠性。

（1）通过微信、QQ 等即时通信工具传递信息。如将涉及安全信息报送的人员拉入群内，让一线员工第一时间直接通过微信群发送信息，保证信息的上通下达。但这种模式有一个弊端，下面我们通过一起典型案例来说明。2019 年 8 月 27 日，国航 A330-300 飞机执行北京至东京羽田航班发生火情，前部厨房、驾驶舱与客舱连接处等部位因起火受损严重，顶部天花板有坍塌的情况，驾驶舱地面有积水。而从航站楼角度拍摄的照片显示，该架飞机的前部分机身蒙皮已经破损。民航华北局认定，此次事件导致飞机前货舱和前客舱多处严重烧伤，飞机机头顶部隔框穿透性烧蚀。在此次事件发生后而调查结果还未出来前，网络渠道立即有了相关的报道，舆论受到了引导，究其原因竟是局方的几位同志违规通过微信传递华北地区管理局关于事件调查的初步报告，造成敏感信息泄露，对事件调查工作造成了干扰。因此，在安全信息传递过程中，虽然微信等软件具有及时性和普遍性的优势，但是在信息安全方面有着难以弥补的劣势，局方和各企事业单位应加强对微信、QQ 等即时通信工具和互联网邮箱的监管，查找存在的风险隐患，封堵、删除有关涉密和敏感信息。

（2）建立本单位信息报送系统。考虑到信息传递的安全性和重要性，部分单位采取了新建一个独立的信息报送系统用于收取信息（见图 2-18）。在建立系统的过程中，需要注意收集信息的诉求，可以将安全信息的填报、安全信息的收集以及安全信息的统计分析等模块做成一体化全流程，还应充分考虑使用的简单便捷性，界面的可视化与互动性，使系统成为人人会用、人人能用、人人愿用的信息流工作平台。

（3）建立良好、积极的报告文化。虽然在各级管理机构的高压政策下，重要不安全事件的谎报瞒报鲜有发生，但并未杜绝，以至于发生了不少掩盖事实真相的事件，如"抹舱音事件""非在座机组人员违规操作飞机事件""空中机组睡觉导致航空器短时失联事件"等。从表面看，这是个人职业操守方面的原因，但究其根本原因却是由于重处罚轻改进、重结果轻过程、重效益轻安全的安全思想和行为导致的，不少有价值、有意义的信息被隐藏、被忽视。推行承诺型安全信息政策，提倡积极良好的"责任、诚信、公平、透明、沟通、学习和共享"报告文化，将有利于收集安全信息，有利于发现安全风险或隐患，有利于科学决策和解决问题。

图 2-18　中国民用航空安全信息系统

（4）建立信息报送的激励机制。信息是科学决策的根本，建立安全信息报送机制，是开展持续安全管理的必要工作。

一是要激励安全信息报送的个人或团队，也就是从安全信息的起始点进行激励。目前许多运输航空企业都建立了这一激励模式，但是通航企业由于自身运营原因和效益问题，对安全的重视程度不足，导致激励机制建设迟滞，未有效地对安全信息报告中表现突出的个人或集体进行表彰，以致消极的激励机制会产生更加消极的效果，进一步削减一线人员安全信息的报送积极性会，这不利于构建通航企业健康的报告文化。如何对安全信息报送的个人或团队进行激励呢？首先应该是从上自下地意识到安全信息报告的重要性；其次是通过物质、精神、认同感和成就感几个方面来进行激励，单一的激励机制只会适得其反。

二是要对安全信息管理人员进行必要的激励。安全信息管理人员是各类安全信息的"中转站"，负责安全信息的收集、处理等工作。安全信息管理人员的资质能力对一个单位/企业的安全信息工作起着举足轻重的作用，因此对于安全信息管理人员的激励也是很有必要的。激励方式主要包括：① 目标激励：通过制定科学的发展目标，激励员工为之奋斗，满足自我实现需要的一种激励方式。飞行训练院校可以通过建立明确的安全人员晋升通道帮助安全信息管理人员确立发展目标，促使安全信息管理人员不断提高自身业务水平，实现自身价值，更好地推动飞行训练院校的安全工作。② 感情激励：通过强化感情交流沟通，协调领导与员工的关系，让员工获得感情上的满足，激发员工工作动力的一种激励方式。为强化感情激励，飞行训练院校领导必须深入信息报送一线，交流思想沟通感情，让安全信息管理人员切身体会到领导对于安全工作的重视，增进彼此的理解和信任。③ 物质激励：最为直接有效的激励方式，而收入分配机制是否科学合理则是决定物质激励成效的关键。要通过建立科学严谨的绩效考核体系，严格考核流程管理，实施公正的绩效考核，并把考核结果直接与安全信息管理人员的工资收入挂钩，逐步实现合理的薪酬分配制度，用收益的杠杆激发安全信息管理人员的内在动力。

（三）安全隐患、风险信息的收集

安全隐患排查治理工作要落实到人员、飞机、设施设备等所有安全生产要素中，落实到发展决策、管理机制、工作制度、人员资质等所有安全管控层面，落实到思想认识、责任意识、职业道德、工作作风等所有安全文化理念上，既要坚持即整即改，又要从机制建设入手，融入安全管理体制机制，作为日常安全管理的重要组成部分，逐步实现安全隐患排查治理的常态化、制度化，形成全方位的排查机制。

飞行训练院校中各部门要结合自身实际和特点，强化飞行、机务、空管、地面保障等运行系统重点单位、部门、岗位、关键环节的安全隐患排查治理工作，切实落实"三基"建设要求，不断完善风险防控体系，提升安全风险管控能力。

安全隐患信息的收集，还需要突出安全隐患排查的"零容忍"，即各部门能够有效排查飞行训练中影响安全生产的所有重大安全隐患和一般安全隐患及其状态、影响路径、影响范围，各级管理人员和一线员工对职责范围内的安全隐患有清晰的认识。

1. 安全隐患的排查

安全隐患排查从实施形式上，分为专项排查、定期排查和常态化排查（见表 2-2）。

表 2-2　安全隐患排查治理机制

排查形式	专项排查	定期排查	常态化排查
特点	指向最明确	计划性较强	覆盖面最为广泛
范围	具体领域开展	根据工作部署开展	全员开展

专项排查：具体指向最明确，通常限定在一个具体领域，如消防安全、不停航施工、标志标识规范等，覆盖面窄、纵深程度高，是集中排查某一领域存在安全隐患的主要手段。专项排查可以是有计划的，也可以是临时性的。

定期排查：计划性较强，可以根据本单位/部门阶段性工作部署开展，如年度工作部署、季度工作部署等。定期排查通常具有较充分的准备时间来制订方案，编制详细的排查指引单等，以明确排查目标、具体时间安排、范围、方式、工作要求。

常态化排查：主要依靠安全从业人员或基层生产单位（如班组等），覆盖面最为广泛，具有不间断性和即时性，是排查日常安全隐患的主要手段。

2. 安全隐患信息收集的方式、方法

解读完安全隐患的排查机制，如何进行安全隐患信息的收集就成为需要重点关注的对象，以下总结了一些收集方式和方法：

（1）飞行训练院校根据自身组织结构建立多级安全隐患收集报送制度。为了明确责任主体，飞行训练院校的航空安全管理部门、运行支持部门、运行部门应分别对各自管理范围内的安全隐患信息进行收集和管控。在分级收集时，各个部门可建立适用的分级标准和治理政策（见图2-19）。

（2）根据隐患级别、隐患范围、隐患责任主体建立多级安全隐患清单（隐患库），对安全隐患持续地更新和跟踪补充。安全隐患清单中的隐患信息内容需要做到规范完整，这样更有利于后期对于隐患信息的分析利用。

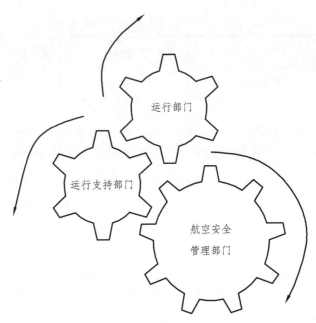

图 2-19　安全隐患分级治理

安全隐患清单详细内容如表 2-3 所示。

表 2-3　安全隐患清单

序号	安全隐患序号
主体单位及部门	报送安全隐患清单的主体单位和部门
涉及的业务	安全隐患所属的业务内容
涉及的流程	安全隐患所属的工作流程
隐患名称	隐患的简要命名
隐患描述	对隐患的具体、明确描述，应包括该隐患可能导致后果的描述
原因分析	应尽量深入，不能是安全隐患的概括描述
发现时间	排查出隐患的具体时间
来源	排查出隐患的途径，下拉选择
等效措施/过渡性缓解措施	自发现该安全隐患的时间至整改措施完成时间内的过渡性缓解措施

续表

序号	安全隐患序号
整改措施	1. 措施与原因要互相呼应，针对原因制定措施； 2. 措施应详细、具体、可操作，让别人一看就知道具体是什么，不能太泛泛、笼统、不知道做什么； 3. 措施尽量进手册、进程序，保证措施的持续性； 4. 严禁出现：加强、提高、改进、完善、要求、提升、强化
责任人	每项措施均要注明责任人
整改时限	完成治理的时间点，具体的时间点，如 6月 3日。 不能写成时间段，如 3个月
治理效果验证标准	1. 具体表述为：时间段 + 标志性事件； 2. 标志性事件尽量是过程类事件，尽量不用严重后果类事件作为效果验证标准； 3. 如 3个月内，不出现违规倒车事件
措施实施情况跟踪	1. 到了约定的完成时间再进行措施落实情况验证，并记录完成情况； 2. 此处记录的完成情况应与前面的措施内容须一一对应，不能漏项； 3. 措施若未完成，需作说明； 4. 注明具体的跟踪验证时间和跟踪人
治理效果情况跟踪	1. 到了约定的效果评价时间再进行效果评价，并记录具体情况； 2. 此处记录的效果情况应与前面治理效果验证标准相对应； 3. 注明具体的效果验证时间和验证人
整改进展	正在整改/验证中/关闭
隐患类型	人的不安全行为/物的危险状态/管理上的缺陷
隐患等级	一般安全隐患/重大安全隐患
监管单位	
是否局方督办隐患	

3. 危险源的识别

危险源的信息识别机制与安全隐患排查机制类似，首先明确识别范围和方法。识别范围应覆盖飞行训练运行、通航运行及保障工作，以及外部提供的产品或服务所带来的危险源。危险源识别采用正向分析法和逆向分析法。正向分析法是按照危险源分类标准，依据系统与工作分析，定期对影响安全运行的人、程序、工作、环境等进行分析，发现系统中存在的危险源。逆向分析法是对行业以及本单位发生的不安全事件的触发因素进行分析和挖掘，系统识别危险源。

危险源的识别途径包括但不限于以下方式：

（1）通过系统与工作分析识别危险源。

（2）通过员工安全信息报告识别危险源。

（3）通过日常运行信息识别危险源。

（4）通过问卷调查、访谈、会议讨论等形式识别危险源。

（5）通过内部安全检查/安全审核识别危险源。

（6）通过内/外部不安全信息的分析和挖掘，识别危险源。

（7）通过安全信息综合分析识别危险源。

（8）参照行业事故、征候和学院飞行训练严重事件条款，分析可能触发事件的因素，进而识别危险源。

4. 危险源的分析与评价

介绍了危险源的识别途径与识别方法后，对危险源的风险分析与评价是通过对照定性和定量标准对危险源产生后果的可能性和严重性进行评判，确定安全风险等级和可接受程度。

风险分析是评估危险源可能导致结果的后果严重性和发生可能性。后果严重性和发生可能性的等级标准，应根据运行环境，通过讨论、调查、现场验证等方式进行界定。后果严重性和发生可能性等级应优先定量界定，但在无法定量的情况下，可以是定性的。风险分析过程中应对识别出的重大或较大危险源进行原因分析，深入分析人员、设备、环境、管理方面的缺陷，以便于制定有效的控制措施。如果识别出的危险源已有风险控制措施，还应分析现有的风险控制措施的有效性、适宜性、充分性。评估危险源不仅要分析其正常情况下产生的风险，更要分析其非正常情况下可能产生的风险。风险等级矩阵评价标准参照图 2-20。

可能性＼定量值＼严重性	灾难性的 5	重大的 4	严重的 3	轻微的 2	可忽略的 1
频繁 5	25	20	15	10	5
经常 4	20	16	12	8	4
偶尔 3	15	12	9	6	3
极少 2	10	8	6	4	2
极不可能 1	5	4	3	2	1

图 2-20　风险等级定量值矩阵

进行风险评价分级后，可制定针对性的措施进行管控。风险控制措施应包括制定完善的制度、程序，调整完善监控措施、组织机构，组织开展针对性的安全教育培训或演练、购置或改装设备、调整人员、保证安全投入等。

5. 安全监察信息的收集

安全监察作为安全信息的第二大类，用于进行针对性的监控和分析有着重要的意义。下面以飞行过程为时间轴，详细描述如何在通航运行的过程中，完整地实施安全监察并获取安全监察信息。

1）飞行预先准备

飞行预先准备是运行人员应当在飞行前完成的协调准备工作，主要内容包括人员资质能力、航空器适航状态、运行区域概况、气象条件、任务性质等。细致和充分地飞行预先准备是安全实施飞行活动的基础与保障。首先应当确定运行负责人，并明确任务概况，包括但不限于飞行时间、运行航空器、运行人员、起降机场/点、飞行区域、任务内容、航线规划等内容。对于人员的监察，重点应放在以下方面：

（1）航空器驾驶员执照的定期检查、熟练检查、相关等级是否在有效期内，运行限制是否满足飞行任务要求。

（2）航空器驾驶员的体检合格证（如适用）、近期飞行负荷和身心健康是否存在可能的风险。

（3）航空器维修人员资质是否符合航空器放行要求。

（4）其他运行人员：学生驾驶员是否持有有效学生驾驶员执照（如适用），参加带飞训练的学员是否符合训练大纲的带飞要求，参加单飞训练的学员是否符合规定的单飞条件，作业人员是否具备相应资质或通过必要的培训，乘机人员是否通过必要的安全培训等。

（5）评估飞行机组能力是否能够胜任飞行任务。

对航空器的监察：应当依据航空器故障检查情况、航空器持续适航文件、适用的适航指令与服务通告等信息，检查并确认航空器适航状态。对完成维修工作或定检工作后等待试飞的航空器，应当通报试飞任务安排情况，在完成试飞前不得安排该航空器实施飞行任务。对存在保留故障的航空器，维修负责人应当在飞行预先准备会上以适当形式通报保留故障评估情况，明确是否保留该故障放行航空器。

对运行区域的监察：运行人员应当充分了解飞行任务起降机场/点（包括备降机场/点）的情况，包括但不限于以下内容：机场道面信息，航线信息，空中交通管制单位与运行规则，通信导航监视设备及使用要求，周边障碍物信息，进离场程序，高度表拨正程序，本场空域划设范围，最低运行标准与限制，相关航行通告，燃油加注程序，地面人员行走路线及机场应急处置预案等。对于转场飞行任务，应当检查转场所需设备的工作状态，依据获批的转场计划完成地图作业，了解相关空中交通管制单位与运行规则，选定航线检查点与检查程序，获取航线范围障碍物信息，并依据航线高度制定各航段应急预案。

对人员掌握气象条件的监察：运行单位/人员应当获取起降场机场/点和转场航线的相关气象信息，通过整理分析气象信息，梳理影响飞行的潜在气象条件及相关风险，并制定应急处置预案。如无法获取针对性气象信息，可参考以下气象信息：① 周边民航场站或区域的气象资料信息；② 周边城市天气预报信息；③ 应当至少通过2种渠道获取其他气象信息服务应用提供的相关信息，并进行比对。

对人员掌握飞行任务的监察：运行负责人应汇总梳理飞行预先准备内容，并正式下达飞行任务，任务包括但不限于以下内容：① 飞行种类；② 航空器型号；③ 航空器国籍登记号；④ 直接准备时间；⑤ 计划飞行时间；⑥ 飞行机组；⑦ 飞行科目；⑧ 运行区域情况；⑨ 航空器适航状态；⑩ 气象条件。运行人员应当严格遵守运营人依据航空器飞行手册和运行相关规定制定的标准操作程序。飞行机组应当在飞行预先准备阶段，加强标准操作程序和应急处置程序的地面演练，结合运行区域与气象条件，综合分析潜在安全运行风险，制定针对性的管控措施。

2）飞行直接准备

飞行直接准备是在飞行预先准备的基础上，在起飞前进行的各项准备工作。严谨有序的飞行直接准备是保障安全运行的前提，更是正确预防和处置飞行特情的必要条件。在这个阶段，对人员应着重强调以下几方面的监察：

（1）人员检查。飞行前，飞行机组应进行自我健康状况评估，包括酒精测试、献血或失血情况、服用药物情况、压力事件调查、精神状态评估等。当评估发现存在影响任务执行或飞行安全的生理或心理因素时，飞行机组应当主动按程序上报运行负责人并取消飞行任务，运行负责人不得安排此类人员继续执行相关飞行任务。飞行机组应当相互检查需携带的文件或设备，包括但不限于以下内容：执照、体检合格证（或等效证明）、计时设备、照明装置（夜航适用）、飞行耳机、视力矫正眼镜（按需）、转场计划作业图（按需）、领航计算尺（按需）等。

（2）航空器检查。维修人员应当检查并记录燃油与滑油的清洁度、油量等重点参数，核验相关参数高于最低标准，满足计划飞行时间要求。

操作人员应当严格按照机场或机型的程序加注燃油和滑油，防止出现静电电弧。禁止在加油期间给飞机通电、擦拭风挡、使用高频通信、接打无线电话等，操作人员不得穿着易起静电的服装。

飞行机组应当严格按照标准操作程序，确认乘员、物品等种类与位置符合机型规定并进行记录，使用机型载重平衡表单计算航空器性能。

（3）运行保障。机组应当抄收空管部门的放行许可，获取涵盖运行区域的所有临时限制条件及气象资料信息，评估运行环境是否符合运行标准。

（4）航空器放行。如需调整飞行任务相关要素，应当确保准备工作充分，运行风险可控。如需更改飞行计划，应当按照"难改易、繁改简、单飞改带飞、转场改本场"的原则进行更改；如需更换飞行机组，应当要求更换后的飞行机组重新执行飞行预先准备，完成后方可进入飞行直接准备。完成上述所有飞行直接准备并确认符合放行条件后，维修放行人员与机长共同签字放行航空器。

3）飞行实施

2017—2020年，全国通用航空共发生52起飞行事故，其中主要原因为飞行机组的事故共32起，占比61.54%；主要事故原因为"人的因素"的事故共36起，占比69.23%（见图2-21）。这反映出"人的因素"已经成为通用航空运行安全的"头号杀手"。飞行机组的能力是影响"人的因素"导致事故发生的关键因素，提高飞行机组执行标准操作程序和检查单的能力是减少该类事故发生的有效方法之一。飞行训练院校在日常的监察过程中，应着重关注运行中是否按照运行规章要求，是否建立标准操作程序和检查单制度，是否有效管控运行风险。

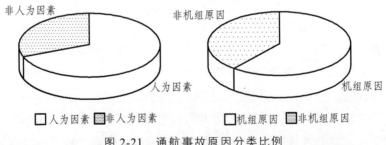

图 2-21　通航事故原因分类比例

（1）绕机检查。运行无关人员不得进入航空器运行区域，维修人员与飞行机组应当定期参加培训，确保相关资质有效，严格遵守地面行走路线与安全行走规定，严格按照检查单实施绕机检查，绕机检查单不得低于航空器飞行手册相关绕机检查要求和标准。

（2）驾驶舱纪律。飞行机组应当养成良好的职业素养，严格遵守驾驶舱纪律，具体应当做到以下要求：执行检查单"心到、眼到、手到、口到"，如因其他事务需中断执行检查单，其他事务完成后应当从被中断的项目开始继续执行该阶段检查单，或从该阶段检查单的第一项开始重新执行检查单；严格使用规范的无线电通信用语回复管制许可或指令；严格按照标准交接操纵程序执行飞行操纵交接（如"我（你）操纵—你（我）操纵—我（你）操纵"的交接操纵3步法）；严格执行飞行期间耳机使用规定；严格遵守无线电通信纪律，禁止违规调谐或占用通信频率进行与飞行无关的通话；禁止携带飞行无关的物品进入驾驶舱；禁止使用除机上配备的遮阳设备以外的其他物品遮盖风挡；禁止飞行机组违规调换座位；禁止飞行机组在飞行期间手动摄影或摄像（固定机位拍摄除外）；禁止飞行机组在飞行期间从事与飞行无关的活动。

（3）座舱检查与发动机起动。飞行机组应当严格按照检查单执行座舱检查，座舱检查单不得低于航空器飞行手册相关要求和标准，应当至少包括座舱文件检查、安全带与肩带检查、舱门锁闭检查（如适用）、停留刹车检查（如适用）。

飞行机组完成座舱检查并获得允许开车指令后，应当确认航空器周围没有障碍物和人员影响，高喊"离开螺旋桨"（如适用），方可起动发动机。

发动机起动后，飞行机组应当确保航空器操纵装置始终处于掌控之中，防止其他人员触碰，并与指挥员（或管制员）保持通信畅通，时刻关注航空器位置变化或其他移动的潜在风险，执行起动后检查单，确认航空器各系统正常工作。

（4）地面运行。飞行机组应当在完成起动后检查单，并做好滑出准备后方可申请滑出指令，在获得并确认指挥员（或管制员）的滑行指令后方可滑出，并柔和操作刹车与转弯机构。

地面滑行期间应当严格按照指令滑行，时刻观察滑行路线，合理控制滑行速度以及与其他航空器或障碍物间的距离，如需改变滑行路线或穿越跑道，应当得到指挥员（或管制员）的许可。

飞行机组应当获得指挥员（或管制员）允许进入跑道的指令并确认进近轨迹无影响后方可进入跑道。飞行机组应当在着陆滑跑后合理控制滑行速度，确保航空器可控后方可脱离跑道，禁止操纵带有余速的航空器强行脱离跑道。脱离跑道后应当按照指挥员（或管制员）的指令滑行至停机坪或指定位置，在航空器无移动后，执行关车程序并完成关车检查单。

（5）空中运行。飞行机组在飞行过程中应当严格按照飞行规则、运行规章、学院手册、飞行手册的相关规定操纵和管理飞行，有效管理运行风险，保证飞行安全。具体应当做到包括但不限于以下要求：严格按照航空器飞行手册的程序、限制和性能包线操纵航空器，禁止操纵航空器执行规章和手册规定以外的机动飞行；严格按照机场细则或转场程序要求执行报告程序，时刻监听相关通信频率；存在积冰条件时，应当确保航空器符合运行规则要求，并严格按照程序操作除防冰设备；进入仪表气象条件前，应当确保飞行机组资质和航空器设备条件满足运行规则要求；严禁操纵航空器进入雷暴等严重危害飞行安全的气象环境，如意外进入，应当迅速执行相应处置预案；在本场起落航线飞行中，应当严格执行机场细则中起落航线方位和高度的规定；除紧急情况外，严禁超越前方航空器，严禁危险接近其他航空器；进入空域实施任务前，应当执行清障转弯，观察确认无其他航空器、地形、云体、障碍物等影响后，方可开始实施飞行科目；进近着陆过程中，应当严格执行稳定进近要求，当出现可能影响着陆安全的状况时，在合理时段内做出继续进近或中止进近的正确决策；飞行机组应当明确复飞是进近程序一部分的概念和不利条件下强行着陆的潜在风险；学员单飞前，应当完成训练大纲规定的科目与偏差训练，包括"无功率失速"和"带功率失速"等特情训练，以建立学员对特情处置的信心，防止学员在单飞中因出现特情导致错误操纵航空器。

4）飞行讲评

飞行讲评作为飞行任务的最后阶段，不仅是法规的要求，也是持续学习和总结提高的重要方式，更是解决飞行组织和实施中存在问题的重要手段。运行负责人应当组织本次飞行任务的运行人员开展讨论，鼓励飞行机组、维修人员、航务人员（如适用）、指挥员（如适用）等运行相关人员从各自岗位职责角度总结前 3 个阶段中出现的纰漏与问题，并提出有效改进措施，不断完善飞行训练院校运行制度，提高安全运行水平。

第四节 航空安全信息驱动的 航空安全预警管理

一、航空安全预警管理的相关概念

预警是指在事故发生前进行预先警告，即对将来可能发生的危险进行事先预报，提请相关当事人注意。大数据时代的到来，使人们将上述问题化繁为简，从海量、分散、实时变化的安全信息数据中挖掘出有价值的信息，通过分析获取当前状况的总体描述，进行态势推演，综合研判和决策，及时提供给最需要的人。2013 年，美国迈阿密发生了一起恶性交通事故，警察开快车撞人致死。有一位记者怀疑有部分警察长期开快车，屡屡发生这些事故。他利用美国的信息公开法进行申请后，获得当地所有警车通过交通收费站的记录。他选取其中两个收费站计算之间的距离、时间的记录，用距离除以时间得到车速。他通过计算其中的 100 万条数据记录发现，在 8 个月的时间当中，有 5 100 辆警车的平均速度超过 150 千米/小时。此数据新闻报道后，引起当地警务部门的"大地震"，解决了一个巨大的交通灾难隐患。同样的案例还包括，2011 年，中国气象局对 A、B 星及风云系列气象卫星反馈的数据进行监测和分析，准确地预警湘黔冻雨，相关部门紧急进行防冻雨准备，避免了灾害的发生。而且安全信息能够驱动预警信息的时效性。安全信息的时效性，在于对海量信息的快速正确研判。2011 年美国弗吉尼亚州发生地震，距离几百千米外的纽约州居民首先在微博上看到弗吉尼亚地震的消息，纷纷跑出屋外，几秒钟之后才感受到震感——信息传播的速度比地震波还快。

航空安全预警管理，即将预警管理理论应用于航空安全管理领域，通过建立相应的预警方法和预警预控组织体系，对影响航空安全的诱因进行监测、诊断、预先管控，准确区分本单位的运行安全状态，预防、制止、纠正、规避系统中的不安全状态或行为（管理失误）以及不安全过程，从而使本单位航空运行活动长期处于合理、可靠、可控安全态势的一种创新的管理模式。

二、航空安全预警管理的特征

（1）事故、征候的可测评性。虽然事故、征候具有突发性、随机性和不可预见性，但通过对本单位航空安全管理的测评可以准确地反映出事故、征候的发生先兆。

（2）事故、征候的趋势预测。在某一特定阶段，本单位的航空组织运行安全态势会出现波动，表现为不安全事件的多发、频发，以及在很多具有安全经验的管理者看来比较严重的事件的发生。这种不安全事件多发的趋势是可以被预测的。

（3）事故、征候的因素测评。不安全事件的发生，可以通过对飞行训练院校组织内部和外部的正向系统分析预测可能导致不安全事件、征候、事故发生的致灾因素，通过对这些因素的管控和排查治理，避免不安全事件、征候、事故的发生。

（4）危险因素测评的值域。各种不安全事件的发生，可以通过概率的形式体现，概率的选取则是通过一系列数值和计算的综合结果，因此预警值域的选取对于安全预警系统是至关重要的。

（5）高风险事件的预测控制模型原理。高风险事件的预测控制模型有助于在安全管理工作中对风险进行综合的、多维度的管控，可以确定监控指标、监控范围以及预警内容的操作原理。

三、航空安全预警系统的信息来源

航空安全预警系统需要强大的信息来源做支撑，目前飞行训练院校的信息来源包括：不安全事件信息、安全隐患信息、安全风险信息、安全监督检查信息、安全会议信息、审核评估信息、飞行品质监控信息、安全绩效信息、法定自查信息、调查报告信息、安全报表信息等（见表2-4）。

表 2-4　信息源分类

不安全事件信息	局方《事件样例》	
	飞行训练院校内部事件	
安全隐患信息	物的危险状态	设备自身的安全防护装置缺少、不全或长期损坏待修
		设备的设计存在缺陷，不符合人机工程学原理
		安全防护装置和个体防护用品的质量存在缺陷
		设施、设备、材料、工具没有按照指定位置存储摆放，存放处没有取用记录或记录不全
		器材工具不合格或已过期，特种设备已过检验期或未检验使用
	人的不安全行为	人员不遵守安全操作规程，违章作业
		技术水平、身体状况等不符合岗位要求的人员上岗作业
		对习惯性违章操作不以为然，对隐患的存在抱有侥幸心理
		员工不正确佩戴个人安全防护用品
	管理上的缺陷	安全生产相关规章制度不完善、不健全
		管理者自身安全素质不高，或只重视生产而对事故隐患视而不见、监管不力
		员工因缺乏必要的安全教育培训而导致安全意识不强，无法形成良好的安全文化氛围
		安全管理中不按制度办事，以人情、义气代替规章、原则
安全风险信息	组织机构、岗位和人员的初始（变更）设置及职责的确定与划分	
	飞行运行手册、航空安全管理手册、飞行训练大纲等规章、标准、程序、方案的制定及变更	
	飞行教学训练运行及保障工作中人的因素、航空器、机库(厂房)、通信导航监视系统、特种车辆、系统平台等	
	飞行教学训练与航班、通航、军方和无人机等的冲突与影响	
	空管保障、航空油料、机场管理、空防安全、航空卫生	
	自愿报告、飞行安全品质监控等涉及风险的安全运行数据信息	

续表

安全监督 检查信息	地区管理局和监管局各职能部门组织实施的监督检查和其他行政执法工作信息
	飞行训练院校内部安全督查检查信息
	部门内部自查信息
安全会议 信息	
审核评估 信息	
飞行品质 监控信息	
安全绩效 信息	安全绩效指标、目标管理
	安全绩效考核管理
法定自查 信息	
调查报告 信息	本单位不安全事件调查报告
	局方公布的调查报告
	国际事故调查报告
安全报表 信息	安全信息周、月、年报
	安全预警信息
	风险提示
	航空安全工作简报

四、预警管理系统的机制建设

有了数据信息源做支撑，下一步就是进行预警管理系统的机制建设。机制建设需要先从飞行训练院校的组织架构着手。

明确组织机构，需要构建的责任体系也一目了然。在飞行训练院校，总经理或学院院长有着建立健全并落实本单位全员安全生产责任制，加强安全生产标准化建设的责任，因此他们是建立航空安全预警系统的第一责任人，负责统筹规划航空安全预警系统的建立建设，并且保障建立航空安全预警系统必要的资金、资源投入。飞行训练院校的安全生产管理机构（即安监部/航空安全办公室）以及安全生产管理人员，负有建立有效的安全管理体系的职责，因此对应的需要负担起建立航空安全预警系统实质性的工作。

1. 确定预警管理的监测对象

在建立系统的初期，先选择比较容易获取数据信息进行监测的安全管理波动现象作为监测对象，设计一套简单实用的监测评价指标以及预警体系，保证指标的有用性、敏感性和可测性，是监测活动质量的关键。可以通过实证考察和理论分析，提出一套范围不大的评价标准。通过在管理实践中逐渐积累经验数据，逐步扩大评价指标范围，增加评价指标的内容，完善评价指标体系，使"监测信息知识库"日渐丰富。要求负责安全预警建设的成员及时消化吸收预警管理原理，掌握监测方法和手段，围绕飞行训练院校预警管理的重要环节开展耐心细致的监测工作，为整个预警系统的管理活动奠定坚实的基础。

2. 制订预警预控的计划

合理周全的预警预控行动计划是实现预警预控管理的前提。应根据飞行训练院校安全管理的实际状况拟定现实可行的行动计划，包括监测对象的频率、具体步骤、日常监控对策的目的要求、预警预控评价指标目标值的确立、预警分析和预控对策的具体工作标准、信息管理的规范、行动计划的措施内容及落实等。

3. 突出预控对策的重点

预控对策是对飞行训练院校内部重大安全管理失误或安全形势波动的早期征兆进行控制。由于早期征兆的成因比较复杂，故要求负责安全预警的工作人员抓住这些早期征兆的主要矛盾现象，突出重点地进行对策选择并实施预控手段。要求负责安全预警的工作人员熟练掌握预警分析的技巧，及时诊断航空安全处于何种状态，避免漏警和误警。

4. 掌握预警分析与预控对策的方法

除了采用现有预警管理理论中的有关分析方法进行预警分析，还应在预警管理理论的指导下掌握逆境现象分析方法，如管理波动趋势分析法、失误度分析法和仿真模拟分析法等。飞行训练院校安全预警管理的工作标准，不仅应包括管理人员自身的基本工作职责，还包括同其他部门的协作关系及为基层服务的工作质量要求。负责安全预警人员的工作职责可以通过职务说明书及岗位责任制明确，同时要求他们与其他成员和相关部门互通信息、通力协作，有效地发挥预警管理的整体效应。此外，在管理工作标准中还要列入完成上级领导临时交办任务的要求，管理工作标准既要有定性的要求，又要有定量的要求。例如，对管理人员可提出完成预警报表的数量和时限要求，在工作绩效考核中规定具体的数量考核标准。考核办法一般采用百分制，实行加分或减分的方法，有利于按各项管理要求的重要程度及完成的难易程度汇总，以便对预警管理人员的工作做出全面评价。

五、预警指标体系的建立

梳理清楚信息源，明确组织架构和职责后，就可以开始预警指标体系的建立工作。

1. 建立预警指标体系的目的

建立预警指标体系的目的是使信息定量化、条理化和可操作化。我们将预警指标体系分为两大类，后果类指标和安全管理类指标，其中后果类指标又分为高后果指标和低后果指标。

高后果指标是指监控和衡量发生严重后果事件的预警指标，如事故、征候等。高后果指标有时又被称作反应性指标。

低后果指标是指监控和衡量发生较小后果事件或活动的预警指标，如一般事件、差错事件、过程状态偏差等。低后果指标有时又被称作主动性指标、预测性指标。

安全管理类指标是指监控和衡量组织在安全管理方面工作开展情况、工作能力和效果的预警指标，如安全检查执行情况、安全培训完成情况、整改措施完成率、安全信息报告及时率、审核符合率等。

针对不同类型的不安全事件、不同类型的航空组织，预警系统的指标项目、指标体系会有所不同，但最重要的是要选择重点指标和敏感指标，使预警指标体系能真正反映出飞行训练院校所面临的实际风险情况。飞行训练院校应明确建立预警管理体系的目的，是管控实际存在的问题，还是没有发生的想预防的问题，明确以目标、问题或职责为导向进行安全预警（见图 2-22）。

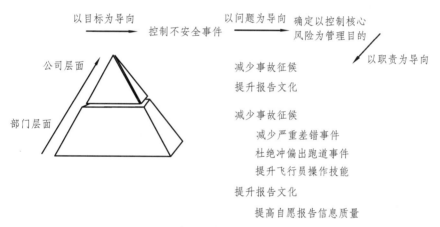

图 2-22 建立预警管理体系的目的

2. 建立预警体系的过程及要求

对现有运行环境的整体安全趋势，第一步应全面选取安全信息进行综合分析，具体预测方程可以参考：

$$Z = f(X_1 \times Y_1, X_2 \times Y_2, X_3 \times Y_3, X_4 \times Y_4, \cdots, X_n \times Y_n)$$

式中，Z 为预测安全形势结果；X 为选取的安全信息类别；Y 为该安全信息的影响因子。

针对个体事件，可根据风险分析的基本原理，通过发生概率、发生频率、影响范围、严重程度等因素进行预警管理。

筛选安全信息的类别需要用到 SMART 原则，即 S=Specific 具体的、M=Measurable 可测量的、A=Attainable 可达到的、R=Relevant 相关联的、T=Time-bound 时限的，以及指标特征原则。

（1）科学性。

所建立的预警指标体系，要有理有据，有相关的理论知识和实际经验作为支撑。如运用了成熟的理论模型，结合了先进预警管理工作中的实际做法，以此保证所建立的指标体系能够科学地反映安全形势。

（2）实用性。

实用性是指建立的预警指标体系能够具有实际应用价值，能够和实际安全工作相关联，切合飞行训练院校安全发展的需要，从而对飞行训练院校安全管理工作的改进有一定的指导意义。

（3）可衡量性。

对于所选择的指标中，定性的指标能进行有效的度量，定量的指标能准确测量，以便得到准确的评测结果。

（4）明确性。

指标的含义是明确的，指标所反映的客观事实不能存在相互冲突的情况，否则将导致评测得分有重复、最终结果不准确。

例如，假设 X_1=事故或征候等高后果事件信息，则 X_1 高后果事件分类如表 2-5 所示。

表 2-5　X_1 高后果事件分类

事故和征候信息	事 故 万 时 率
	严 重 征 候 万 时 率
	一 般 征 候 万 时 率

再将事故万时率、严重征候万时率和一般征候万时率进行范围上的限定。由于通航运行的特殊性，以及飞行训练运行范本数据较少，在此我们设定为全国的通用航空范围，对事故万时率、严重征候万时率和一般征候万时率 3 个数据进行加权求平均值，得到的数据为 Y_1。

继续假设 X_2=不安全事件信息，则 X_2 不安全事件分类如表 2-6 所示。

表 2-6　X_2 不安全事件信息分类

	航空器运行类事件万时率
	航空器维修类事件万时率
不安全事件信息	地面保障类事件万时率
	机场运行类事件万时率
	空管保障类事件万时率
	空防安全类事件万时率

将航空器运行类事件万时率、航空器维修类事件万时率、地面保障类事件万时率、机场运行类事件万时率、空管保障类事件万时率以及空防安全类事件万时率进行范围上的限定，依旧设定为全国的通用航空范围，再进行加权求平均值得到的数据即为 Y_2。

根据上述方法，将适用于飞行训练院校的信息源进行综合统计考虑，再利用公式进行值域计算，Z 值的大小则反映了当前飞行训练院校的综合安全形势。

在有效评估单位的总体或局部安全形势后，可以利用合理有效的安全预警手段进行风险预警提示。预警准则是指一套判别标准或原则，用来决定在不同的情况下，是否应当发出警报以及发出何种程度的警报。预警准则的设置要把握尺度，如果准则设计过松，则会在有危险时而未能发出警报，造成漏警，从而削弱预警的作用。如果预警准则设置过严，则会导致不该发警报时却发出了警报，导致误警，会使有关部门虚惊一场。而频繁的虚惊又会产生"狼来了"的不良效果，即多次误警会导致航空组织对警报信号失去信任。一旦严重的不安全事件真要来临而预警系统又正确发出警报时，有关部门可能认为是误警而不加理睬，结果导致损失更加严重。

3. 预警准则设计的形式

预警准则的设计可以采用多种形式，从大类上来分，主要有以下几种。

（1）指标预警。

指标预警用于监控和衡量指标的发展趋势，提前进行预警并采取措施，是根据预警指标数值大小的变动来发出不同程度的警报。预警值尽量依据安全历史数据、安全发展趋势进行综合设定，如果缺乏历史数据可采用估算的方法进行。预警可设一级或多级预警，对应触发相应的预警级别，并设立监测周期。目前，飞行训练院校的预警监测周期大多停留在以每月、每季度或每年为周期，但如果想产生更好的预警效果，则需要把预警监测周期缩短。理想的监测周期要求做到每周、每日甚至每个起落飞行。

指标的制定应按照指标层级、指标类型、指标属性以及指标阈值的步骤依次进行，指标层级的分类如下：

A 类：事故（国家、局方界定）；

B 类：征候[《民用航空器征候等级划分办法（AC-395-AS-01）》]；

C 类：典型不安全事件、严重差错[《事件样例（AC-396-08R2）》、飞行训练院校自身界定]；

D 类：SD 卡超限事件、个人技能操作失误、违规违章等。

指标的类型可通过需要预警的事件的严重程度进行归纳分类，如前文所述的高后果、低后果类指标。笔者根据飞行训练院校运行实际，总结出了一些高后果、低后果类指标（见图 2-23 和图 2-24）。

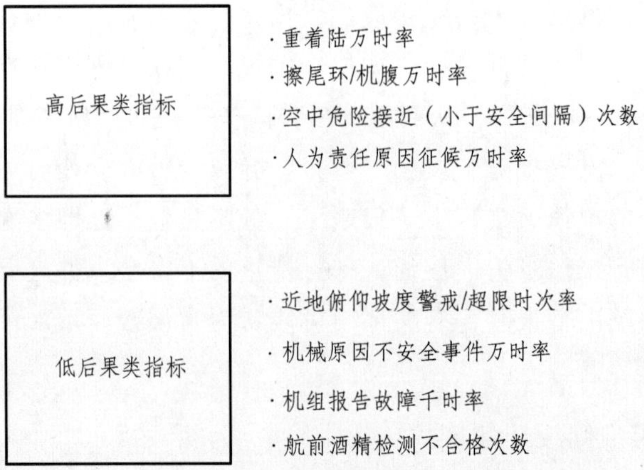

高后果类指标
· 重着陆万时率
· 擦尾环/机腹万时率
· 空中危险接近（小于安全间隔）次数
· 人为责任原因征候万时率

低后果类指标
· 近地俯仰坡度警戒/超限时次率
· 机械原因不安全事件万时率
· 机组报告故障千时率
· 航前酒精检测不合格次数

图 2-23 后果类指标举例

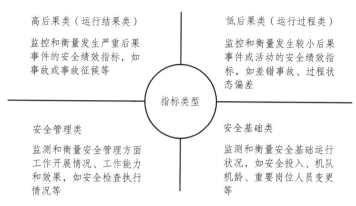

图 2-24　安全绩效指标类型

运用瑞士奶酪模型分析预警指标的类型如下（见图 2-25）：

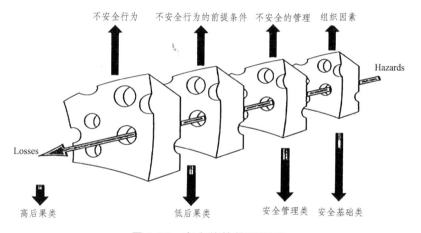

图 2-25　安全绩效管理原则

① 组织因素对应安全基础类指标；

② 不安全的管理对应安全管理类指标；

③ 不安全行为的前提条件对应低后果指标；

④ 不安全行为对应高后果类指标。

指标预警的基本方式可以利用假设法，假设预警警报指标为不安全事件万时率 X，预警周期固定，则安全阈值为 $\{X \leqslant Xa\}$，其预警等级可设定为 3 级，预警规则大致为：一级预警 $\{X \leqslant 0.7Xa\}$，二级预警 $\{X \leqslant 0.8Xa\}$，三级预警 $\{X \leqslant Xa\}$。

　　但是在实际操作中，如果严格按照上述指标进行预警操作，有时出现的偶尔波动或一次性的波动会导致预警的发生，实际情况没有数据反映的那么糟糕，但预警发生后按照预警原则就会使相关单位做出应对。此时的应对不一定是必要且有效的。因此在设置预警值时，可以考虑通过规定指标超过次数的方式进行预警，如 X 连续 N 月突破预警值，则触发预警，这样既可以避免发生误警报，又可以准确反映当前指标的安全状况。

　　（2）综合警报。

　　将指标预警方法与因素预警方法结合起来，并把诸多因素综合起来进行考虑，再加以分析组合，可以得出一种综合警报模式。

第三章
民航飞行训练院校航空安全信息管理实践

民航飞行训练院校作为通用航空的一个重要组成部分，承载着为中国民航输送人才的重任，因此在学校培养阶段，就需要让教员、学员养成较高的安全意识，形成"安全第一"的意识觉悟，从而在以后的工作中更好地保障旅客的生命安全。安全信息作为安全状态的一种具体表现形式，需要让教员、学员去发掘、去感受。下文就民航飞行训练院校航空安全信息管理实践做简要介绍与讨论。

第一节　航空安全信息名词释义

事件信息：事件是指在民用航空器运行阶段或机场活动区内发生的航空器损伤、人员伤亡或其他影响安全的情况。按照事件等级划分，包括民用航空器事故、民用航空器征候以及民用航空器一般事件；按照事件报告划分，包括紧急事件（运输航空紧急事件和通用航空紧急事件）和非紧急事件（运输航空非紧急事件和通用航空非紧急事件）。

事故（CCAR-395-R2 定义），是指在民用航空器运行阶段或者在机场活动区内发生的与航空器有关的下列事件：

（1）人员死亡或者重伤；

（2）航空器严重损坏；

（3）航空器失踪或者处于无法接近的地方。

安全监察信息：地区管理局和监管局各职能部门组织实施的监督检查和其他行政执法工作信息。

综合安全信息：企事业单位安全管理和运行信息，包括企事业单位安全管理机构及其人员信息、飞行品质监控信息、安全隐患信息和飞行记录器信息等。

征候（CCAR-395-R2定义）：在民用航空器运行阶段或者在机场活动区内发生的与航空器有关的，未构成事故但影响或者可能影响安全的事件，分为运输航空严重征候、运输航空一般征候、运输航空地面征候和通用航空征候。

机场活动区：机场内用于航空器起飞、着陆以及与此有关的地面活动区域，包括跑道、滑行道、机坪等（不包含机库）。

航空器运行阶段：从任何人登上航空器准备飞行起至飞行结束，这类人员离开航空器为止的过程。

航空器损伤：航空器（包括其部件和子系统）由人为操纵或外部因素所导致的且需要修复或修理的系统安全性或物理完整性缺陷，如裂纹、断裂、变形、凹坑、刮痕、缺口、脱胶、分层、烧蚀、零部件缺失以及系统全部或部分失效等形式。

航空器受损：航空器损坏程度低于航空器放行标准，仅轮胎损坏，或临时修理后符合放行标准的情况除外，如打磨、填充、粘贴金属胶带等。用于教学飞行且最大审定起飞重量低于 5 700 kg 的航空器受损修复费用超过同类或同类可比新航空器价值10%（含）的情况。

飞行机组成员：飞行期间在航空器驾驶舱内执行任务的驾驶员和飞行机械员。

飞行时间：航空器为准备起飞而依靠自身动力开始移动时起，至飞行结束停止移动为止的时间。

飞行中：自航空器为实际起飞而使用动力时起，至着陆冲程终止的过程（包含中断起飞阶段）。

外来物：机场活动区内无运行或航空功能并可能构成航空器运行危险的无生命的物体。

影响航空器安全运行：此情况包括但不限于导致或可能造成：航空器中断起飞、采取避让措施、空中等待、改变进近方式、中止进近、复飞、返航、备降、跑道侵入、占用跑道、实施跑道检查、紧急制动、航空器损伤等。

停放：航空器在推出或滑行之前，或者在到达之后，在机位、机坪等机场活动区处于静止状态。包括：发动机未运转阶段、发动机起动阶段、发动机运转阶段、发动机关车阶段。

推出/牵引：航空器在外力牵引作用下，在机位、机坪等机场活动区移动。

滑行：航空器在起飞前或着陆后，依靠自身动力在机场道面上的移动，包括：

（1）倒滑阶段：航空器依靠自身动力，从停靠位置或停机位倒出。

（2）滑行至跑道阶段：自航空器依靠自身动力离开机位、机坪等机场活动区起，直至到达跑道等待位置。

（3）滑行至起飞位置阶段：自跑道等待位置起，直至到达起飞位置。

（4）脱离跑道滑行阶段：自着陆滑跑阶段结束后起，直至到达机位、机坪等机场活动区，航空器停止依靠自身动力移动为止。

起飞：自航空器为实际起飞而使用动力时起，经滑跑直至到达跑道标高之上35英尺（1英尺=0.304 8米）的高度，包括：

（1）起飞阶段：自航空器为实际起飞而使用动力时起，经滑跑直至到达距跑道标高之上35英尺的高度，或直至开始收起起落架为止，以先到者为准。

（2）中断起飞阶段：在起飞过程中，自决定中止起飞那一点起直至航空器停止或脱离跑道，以先发生者为准。

初始爬升：自起飞阶段结束起，直至进行第一次规定的减功率，或到达跑道标高之上1 000英尺的高度，或进入目视飞行规则起落航线，以先到者为准。

航路飞行：

（1）仪表飞行规则：自初始爬升完成起，经过巡航高度，可控下降直至到达起始进近定位点。

（2）目视飞行规则：自初始爬升完成起，经过巡航，可控下降直至到达目视飞行规则的起落航线高度，或距跑道标高之上 1 000 英尺的高度，以先到者为准。

机动飞行：低空/特技飞行。

（1）特技飞行阶段：任何有意的超过30°俯仰角或60°坡度的机动动作，或两者兼有，或非正常加速（通常与航空表演、军事飞行或相关训练飞行有关）。

（2）低空飞行阶段：和着陆或起飞无关的有意的低高度飞行，通常用于准备或进行航测、演示、航拍、空中喷洒、训练、观光、展示或其他类似活动。对于旋翼机，还包括与着陆或起飞无关的悬停和吊挂外部载荷。

进近：① 仪表飞行规则：自起始进近定位点至开始着陆拉平。② 目视飞行规则：自目视飞行规则起落航线进入点或跑道标高之上1 000英尺的高度，至开始着陆拉平。

此阶段包括：

（1）起始进近阶段（仪表飞行规则）：自起始进近定位点至最后进近定位点。

（2）最后进近阶段（仪表飞行规则）：自最后进近定位点至开始着陆拉平。

（3）起落航线——二边阶段（目视飞行规则）：在目视飞行规则下，与着陆跑道垂直，与跑道起飞离场端交叉并连接三边。

（4）起落航线——三边阶段（目视飞行规则）：自正切跑道起飞离场末端位置起（通常在跑道标高之上1 000英尺的高度上），与跑道平行，方向与着陆方向相反，直至开始转向四边时结束。

（5）起落航线——四边阶段（目视飞行规则）：自三边结束开始转弯时起，直至开始转向五边时结束。

（6）起落航线——五边阶段（目视飞行规则）：通常在四边结束后，自为截获跑道中心线延长线而实施转弯起，直至开始着陆拉平，包括目视飞行规则直线进近。

（7）中止进近/复飞阶段：自机组决定中止进近或复飞后首次使用功率起，直至航空器再次进入目视飞行规则起落航线（对复飞而言），或航空器到达仪表飞行规则下一次进近的起始进近定位点。

着陆：自开始着陆拉平，直至航空器脱离着陆跑道或在跑道上停止，或在连续起飞着陆中使用起飞功率。

此阶段包括：

（1）拉平阶段：在即将着陆前逐渐增大航空器抬头姿态直至接地。

（2）着陆滑跑阶段：自航空器接地后直至着陆冲程结束或停止，以先发生者为准。

（3）接地后中断着陆阶段：在接地后尝试离地（无论是否成功），不包括连续起飞着陆中的起飞。

第二节　航空安全信息报告解读

根据《民用航空安全信息管理规定》（CCAR-396-R3）第六章中"企事业单位应当定期分析本单位民用航空安全信息，评估本单位安全状况和趋势，制定改进措施""局方和企事业单位应当根据民用航空安全信息分析情况，开展安全警示、预警工作，适时发布航空安全文件"的要求，飞行训练院校在日常运行中，制定了航空安全信息周报、月报和年报，对安全信息进行定期分析与预警工作。

一、航空安全信息年报的具体内容

第一部分对飞行训练院校的年度安全工作进行总结，包括各种安全活动的获奖情况，局方对飞行训练院校的安全监察，安全责任书的签订等事宜。

第二部分对飞行训练院校主要的不安全事件进行汇总描述。下文将对飞行机组、机务、空中管制原因的事件进行举例描述。

[案例1]　事件经过：2020年×月×日，DA42飞机在××机场执行本场带飞训练任务，使用18号跑道，天气良好。11:28，在起飞滑跑阶段，速度70节［1节＝1.852（千米/小时）］左右，机组准备带杆抬前轮时，机头下沉，触地滑行261米后，停止在跑道上，导致飞机左右发动机螺旋桨、机头、机腹等多处损伤。机上带飞教员1名，学员1名，机组实施紧急撤离，无人员受伤，机场跑道设施设备无损坏。

原因分析：经调查，事件的主要原因是飞行学员误将起落架手柄放在收上位，飞行教员未能严格执行 DA42 型飞机正常检查单（开车前检查）及应急程序，在起飞滑跑速度 70 节左右，机组准备带杆抬前轮时，右主起落架、前起落架收起，机头下沉触地，导致飞机左右发动机螺旋桨、机头、机腹等多处损伤。

（事件原因：飞行机组；事件类型：擦尾/擦发动机/擦翼尖/擦机腹）

[案例 2] 事件经过：2021 年 5 月 7 日，DA40D（单发）飞机执行 A 机场—B 机场仪表转场训练，11 点 49 分左右起飞，飞机于 13 点 04 分左右在 B 机场着陆前 1 米拉平准备接地过程中，遇到强气流干扰，飞机姿态受影响，驾驶舱目视飞机抬起 4~5 米，机组决定增速复飞（约 66 节）。在带杆复飞过程中，教员座侧的驾驶杆皮套脱落，影响了飞行员的正常复飞操作，导致飞机失去控制并失速接地，飞机接地后冲出扎兰屯 02 跑道左侧约 70 米处停止，飞机右主起落架受损且与机身固定点部分脱开，02 跑道左侧边灯损坏一个，机组人员没有受伤。

原因分析：初步判断事件原因为机务适航维修存在违章情况，对训练飞机驾驶杆杆套松动问题未按照规范程序予以恢复，造成安全隐患，在 5 月 7 日飞行过程中发生驾驶杆把套脱落故障；涉事飞行机组的特情处置配合不力，没有及时修正着陆偏差，最后导致该事件发生。

（事件原因：机务；次要原因：机组；事件类型：冲/偏出跑道；次要原因：失控/失速）

[案例 3] 事件经过：2018 年 11 月 5 日，C172R 飞机执行 A—B 转场带飞训练任务，另一架 C172R 飞机执行 B—A 单飞转场训练任务。09:25 左右，塔台 ADS-B 告警系统出现警报。经核查，在 A—B 航路上，距离 A 本场 12.7 n mile 处，两架 C172R 型飞机相对飞行，高度相近，形成潜在危险接近，后 A—B 转场的 C172R 型飞机目视发现冲突向右侧避让。直到警告解除，两机最小垂直间隔约 20 米，最小水平间隔约 671 米，未同时低于事故征候标准。随后，两机先后按指令在指定机场安全落地。该事件未对航班运行及其他训练飞行造成影响。

原因分析：基于对当班训练进近、协调监控管制员的问询、通话录音和塔台视频录像综合分析发现，管制员在地空交流、指挥精力分配、监控实施等方面出现失误。管制员发出错误指令后，未能合理分配精力，辨别机组指令复诵，监控其后续的飞行轨迹，没有及时识别潜在冲突，采取必要措施，是造成此次不安全事件发生的直接原因。协调监控席管制员违反规定，较长时间使用手机，致使监控不到位，是造成此次不安全事件的间接原因。3名管制员（其中1名为航班塔台管制员，是由机场方派驻管制室的管制员）执行交叉监控职责的工作程序时，没有满足各管制席进行持续监督并提醒的要求，是造成此次不安全事件的主要原因。管制单位安排复训人员批次不合理是造成此次不安全事件的次要原因。

（事件原因：空管；事件类型：小于间隔）

第三部分对全年飞行训练任务完成情况进行总结，因为抛开运行量谈不安全事件和安全形势是极不科学的。

20××年，飞行训练院校共完成飞行训练×小时，同比增长×%，其中初教机×小时、中教机×小时、高教机×小时、直升机×小时；完成飞行起落×架次，同比增长×%；完成模拟机/练习器训练×小时，同比增长×%。

年度飞行量可以与行业平均水平、世界平均水平、历年同比进行对比，得出飞行训练院校当年的发展态势（见图3-1）。图3-2和图3-3分别是某飞行训练院校飞行小时图和起落架次图。

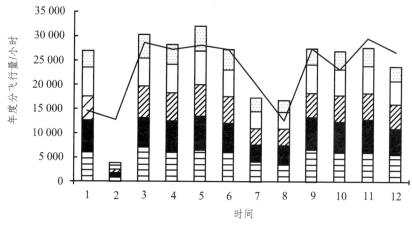

图 3-1 年度分飞行量

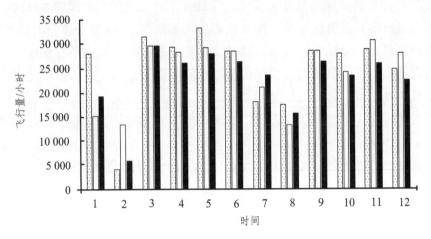

图 3-2　历年飞行小时对比图

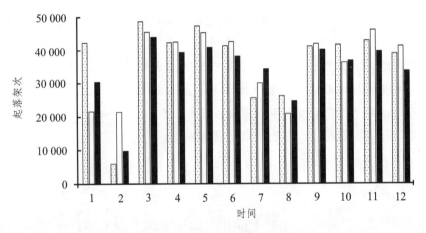

图 3-3　历年起落架次对比图

第四部分属于风险管理的范畴。在充分分析对比飞行训练院校当年的运行量后，便可以综合当年的各类安全信息，利用风险管理的理念总结当年的安全运行形势和成绩。

根据上文的风险等级矩阵评价标准，定量判断风险的定量值，然后通过风险等级评价标准图，进行风险等级的认定，并进行总结分析。（见图 3-4）

风险值域	风险等级	可接受水平	需采取的措施	评价和决策权限
红色 [20,25]	极端风险	不可接受	立即停止或限制运行，采取控制措施，直至风险等级降低后方可恢复运行，并对风险继续进行控制	学院安委会组织评价和决策
橙色 [15,20)	高风险	采取应急措施短期可接受	立即采取应急措施，并制定长期控制措施，经评价确认风险降低后，方可长期运行	航空安全管理部门组织评价和决策
黄色 [8,15)	中风险	采取措施可接受	分析和改进现有风险控制措施，或制定新的风险控制措施，一定监控条件下运行	运行支持部门/运行部门组织评价和决策，航空安全管理部门备案；跨部门时，航空安全管理部门组织评价和决策
绿色 [4,8)	低风险	监控下可接受	监控风险动态情况，采取措施	运行支持部门/运行部门组织评价和决策
白色 [1,4)	可忽略风险	可接受	无需采取进一步行动，但要保存相关记录	运行支持部门/运行部门组织评价和决策

图 3-4　风险等级评价标准图

按照风险管理方法，20××年与20××年事件信息评估对比如表 3-1 所示。

表 3-1　事件信息评估对比

	高风险事件	中风险事件	低风险事件	事件总数
20××年	0	27	43	71
20××年	0	23	60	83
同比增量	持平	+17%	-28%	-9.6%

评估出结果后，便可根据结果进行针对性的管控措施总结，对当年突出的季节性鸟击、不明升空物干扰、系统失效/卡阻、擦尾环/机身、发动机停车、危险接近、重着陆，飞行训练院校及时召开专题会议进行研究，完善风险管控措施。具体措施如下：

（1）针对×月连续 3 起飞机着陆阶段发动机慢车停车事件，飞行训练院校下发航空安全通告《防范着陆运行阶段发动机慢车状态停车风险》。

（2）针对机场鸟击事件频发，危及运输航空安全，飞行训练院校下发航空安全通告《加强鸟击航空器风险防控》。

（3）针对 X 月和 Y 月连续多起擦尾环/机身事件，飞行训练院校下发航空安全通告《加强着陆偏差风险防控》。

（4）针对本单位发生的风险值较高的不安全事件，分别采取措施，及时遏制安全形势下滑态势，如：×单位针对飞行冲突事件，于 11 月 ×日召开紧急安全工作会，分析了安全形势，部署了安全整顿工作。×单位针对 11 月初整机断电和起落架锁钩挂不到位两起不安全事件，于 11月 ×日停飞一天，开展集中整顿，查找安全隐患，制定整改措施。

对年度的安全风险进行了全面的风险分析后，第五部分则是对全年的安全运行走势进行综合研判。按照国际民航安全管理手册安全绩效管理方法，可以计算飞行训练院校 5 年、10 年安全绩效滚动均值，再将指标改善 5%作为下一年度的安全目标。具体公式如下：

$$\sigma = \sqrt{\dfrac{\sum\limits_{i=1}^{n}(x_i - \overline{x})^2}{n}}$$

式中，σ 是当年的安全实际均值；x_i 是上年安全实际均值；n 是计算年度总数量；$\overline{x}$ 是所有年度安全实际数据的平均值。当年年度安全实际均值 σ 一般可视同为飞行训练院校年度不安全事件万时率。

图 3-5 是某飞行训练院校 20××年的安全运行综合走势图。

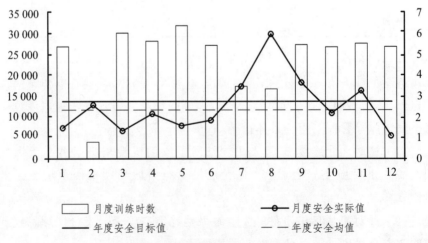

图 3-5　安全运行综合走势

从图中可以看出，该飞行训练院校当年的安全实际均值，风险在 7、8、9、11 月相对集中，月度安全实际值均超过预设安全目标值，其余月份均在预设安全目标值以下波动，安全风险总体可控。再依据总体安全形势，根据 7、8、9、11 月具体发生的不安全事件进行风险针对性管控，有力改善飞行训练院校综合安全形势。

第六部分从安全指标着手，分析飞行训练院校近年的安全形势，利用蛛网图反映安全责任任务完成情况（见图 3-6）。

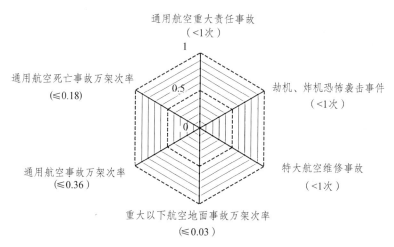

图 3-6　安全责任任务完成情况

责任任务：① 防止通用航空重大责任事故；② 杜绝劫机、炸机等机上恐怖事件，防止空防安全严重责任事故；③ 防止重大航空地面事故和特大航空维修事故，重大以下航空地面事故万架次率不超过×；④ 通用航空事故万架次率不超过×，其中死亡事故万架次率不超过×。全年未发生通用航空责任事故和空防责任事故以及地面事故和维修事故，各项指标实际值均为零，顺利实现了年度航空安全目标。

全局分析飞行训练院校近 10 年安全运行综合走势，2010—2020 年，飞行训练院校共完成训练总量×万小时，事故及事故征候万时率均值为×。根据国际民航安全管理手册 SSP 方法，计算出 2010—2020 年院校重大风险综合安全指数均值、标准方差，以此绘制出近 10 年航空安全运行综合走势图（见图 3-7）。

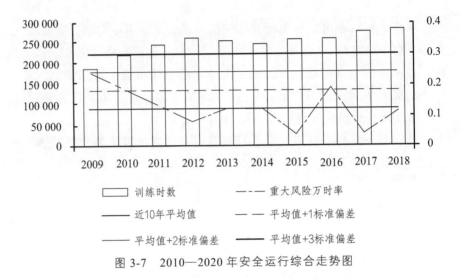

图 3-7　2010—2020 年安全运行综合走势图

第七部分对当年飞行训练院校的不安全事件进行归类（见图 3-8）。

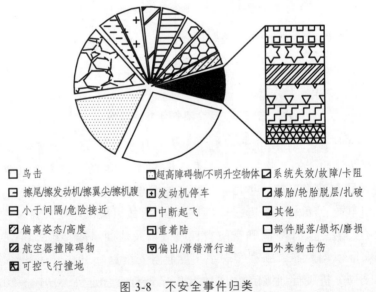

图 3-8　不安全事件归类

通过图 3-9 可以看出，8、9、10、11 月为安全事件的高发期，发生的安全事件占全年的 49%。这 4 个月的安全事件不仅数量多，而且一些事件性质还较为严重，应在相应阶段及时制定风险管控措施。

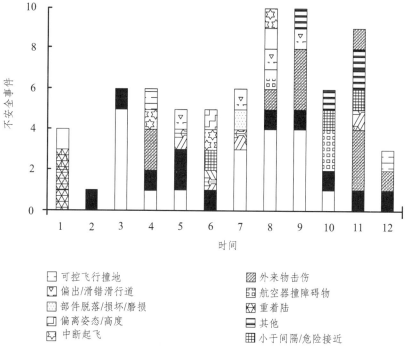

图 3-9　不安全事件归类发生时间统计

对不安全事件类型进行归类统计分析后，第二步就是对事件原因进行分类（见图 3-10）。

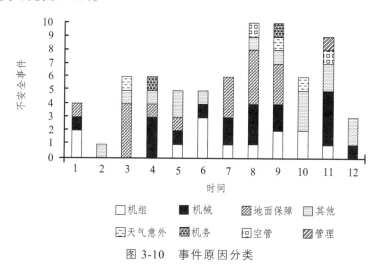

图 3-10　事件原因分类

从图 3-10 中可以看出，飞行训练院校全年发生机组责任原因 13 起，同比增长 62.5%；机务责任原因 2 起，同比持平；空管责任原因 2 起，同比持平；机械原因 18 起，同比下降 30.8%；地面保障 17 起，同比增加 41.7%；天气意外 3 起，同比下降 25%；其他事件 15 起，同比下降 48.3%。今年机组、地面保障责任原因引起的安全事件有大幅度增加。

第八部分是对全年的安全信息报送工作进行统计分析。图 3-11 中是对全年安全信息的统计，横轴代表月份，不同图示代表不同单位/部门的报送信息量。

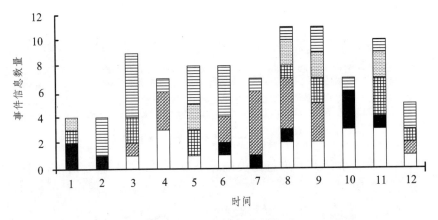

图 3-11　全年安全信息统计

通过图 3-11，可以很清晰地看出信息量大小和信息报送单位的关系，3、8、9、11 月事件信息数量突出，与实际的安全形势下滑态势比较相符。

2018 年，飞行训练院校共向中国民用航空安全信息系统报送×件安全信息。随着安全理念更新和对信息工作认知的提高，各单位普遍增强了对安全信息工作的重视程度，报送数量逐年增长（见图 3-12），信息分析和利用质量不断提高，安全管理信息驱动的核心作用在实践中得到较好体现。

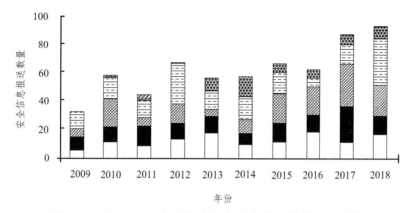

图 3-12 近 10 年飞行训练院校安全信息报送数量统计表

以上就是飞行训练院校在统计年度安全信息时可以利用的模板结构，读者也可在本单位的安全信息年报中借鉴运用。

2018 年中国民航航空安全报告如表 3-2 所示。

表 3-2 2018 年中国民航航空安全报告

航空安全大事记	详细描述全民航关于安全会议、安全教育培训、安全信息、安全评审、安全检查、应急演练、安全竞赛、安全隐患排查治理风险管理、安全规章制度建设、安全通告、危化品管理，与机场活动区和机库等相关的安全工作信息
飞行事故与事故征候统计	1. 当年的飞行事故（运输飞行事故、通用飞行事故、死亡通用飞行事故）； 2. 航空地面事故、死亡人数、报废航空器； 3. 事故万时率、万次率； 4. 飞行事故征候； 5. 地面事故征候； 6. 飞行事故征候万时率； 7. 飞行事故征候万架次率
近 10 年飞行事故与事故征候统计分析	1. 近 10 年飞行事故； 2. 飞行事故征候； 3. 运输航空旅客死亡人数； 4. 重大以上运输飞行事故万时率； 5. 通用航空死亡飞行事故万时率； 6. 飞行事故征候万时率； 7. 运输航空亿客公里旅客死亡人数

续表

飞行事故统计分析	1. 1950—2018 年飞行事故； 2. 机组死亡人数； 3. 运输航空旅客死亡人数； 4. 运输航空重大飞行事故万时率； 5. 通用航空死亡飞行事故万时率； 6. 运输航空亿客公里旅客死亡人数
飞行事故基本数据	
飞行事故统计	
飞行事故简介	
全球航空安全综述	
世界范围事故率统计	
美国民航事故和死亡人数统计	

以 2018 年中国民航航空安全报告为例，局方在报告中的部分图表只给出了数据，需要读者挖掘更深层次的信息（见图 3-13 和图 3-14）。

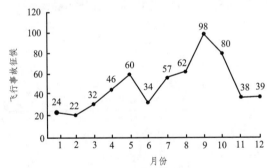

图 3-13　2018 年飞行事故征候统计

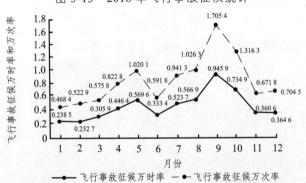

图 3-14　2018 年飞行事故征候万时率和万次率

图 3-13 和图 3-14 是 2018 年全国飞行事故征候及征候万时率和万次率按月统计图，从图中可以看出，征候次数的变化趋势与征候万时率、万次率的变化趋势接近一致，因为征候万时率、万次率也是根据飞行小时、起落架次以及征候次数计算得出的。征候数量在 5 月、8 月、9 月和 10 月超过 60 次，并且在 9、10 月来到了峰值，万时率、万次率甚至达到了低征候月份的 2 倍。为了深入了解这些数据反映的问题，我们还需结合征候的发生类型进行综合分析。

通过发生类型分析，2017—2018 年主要引起航空征候的典型事件有鸟击、外来物击伤以及雷击/电击（见图 3-15）。在风险防控时，需针对这几类事件展开。

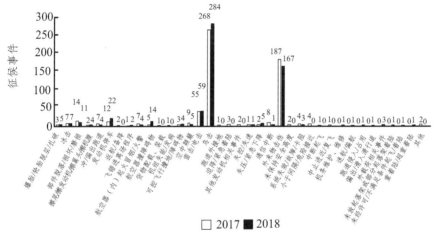

图 3-15　2017—2018 年主要航空征候事件

二、风险防控措施

1. 鸟击风险防控措施

（1）清醒认识到当前鸟击的风险性和鸟害防控形势的严峻性，对近期鸟击多发态势要高度重视，认真落实主体责任，结合本单位/部门的运行特点，查找和改进鸟害防治工作中的薄弱环节，制定系统性防控措施。

（2）机场部门要落实鸟害防治主体责任，有方向、有重点、有步骤地开展日常驱鸟工作，做好跑道接地区域、起飞初始爬升区域等核心区域对鸟类的持续驱赶；加强鸟情生态环境调研，特别是对候鸟迁徙的观测和相关规律的研究，有针对性地采取防治措施；有力保障驱鸟所需的人员与物资，确保驱鸟设施设备处于适用状态；持续做好鸟情预警，及时将鸟情信息通报相关部门。

（3）飞行部门要加强鸟击防范及应急处置措施的相关培训，提高机组应对鸟击突发事件的能力；加强飞行前准备，做好鸟击防范预案；本月多起鸟击事件均发生在真高 900～1 500 米高度层，运行中机组要保持高度警觉，加强对周边鸟情的观察，在不影响安全的情况下及时避让，并将鸟情通报给塔台和空管部门。

（4）机务部门要加强航前、航后的飞机检查工作，重点关注发动机、风挡、操纵面等易被鸟击的关键部位，做到全面、仔细检查不留死角，发现问题及时处理，严把飞机放行关，避免隐蔽部位遭鸟击导致的安全隐患。

（5）空管部门要密切注意机场管制区域内鸟类活动情况，发现鸟情后主动为机组提供信息，提醒机组采取防范措施，并立即通知机场相关部门采取必要的驱鸟措施；完善应急指挥预案，在发生严重鸟击事件时，做好特情处置工作。

（6）航空安全管理部门要加强监督检查，督促相关部门落实防范鸟击的各项安全措施；加强对各部门鸟击事件信息上报的监督指导，及时、准确、全面地上报事件信息，完善信息共享机制，提高整体鸟击预警和防范能力。

2. 外来物击伤防范措施

外来物击伤航空器的原因多种多样，不易查明，因此必须有针对性地分析外来物击伤的规律及原因。以下便分享一则典型案例及其防控措施：

2019 年 1 月 31 日至 2 月 10 日期间，×机场 6 架飞机发动机遭外来物击伤（×公司 4 架、×航空 2 架），11 台发动机损伤，其中 4 台受损超标。后经发动机孔探排查，发现×公司另有 13 台发动机受损，其中 2 台受损超标。目前，共计 24 台发动机损伤。其中 5 架飞机，6 台发动机受损超标。

经地方管理局调查，击伤发动机的外来物为跑道除胶金属抛丸。×机场在使用抛丸机开展跑道除胶作业时，有金属抛丸遗留在跑道除胶作业区域的道面板缝和刻槽内。×机场开展跑道除冰雪作业过程中，除雪车将遗留在跑道道面板缝及刻槽内的金属抛丸翻出，散落在跑道表面，还有部分金属抛丸黏附在作业车辆上，被带入其他区域。落地飞机在使用反推时，金属抛丸随气流吸入并击伤发动机。综合考虑事发原因，调查组认定：

（1）事发之前无先例。此前全行业未收到过金属抛丸击伤飞机发动机的情况报告。

（2）存在不可预见性。残留于跑道板缝及刻槽的金属抛丸颗粒微小，常规巡视检查无法发现；之前也从未对飞机运行造成过影响，客观上致使郑州机场无法预判相关风险，事发时也无法及时准确判定击伤发动机的外来物为金属抛丸。

（3）存在偶然性。除雪作业是导致抛丸吸入发动机的导火索。金属抛丸被除雪车滚刷翻出扬在污染跑道表面，被磁化的抛丸或者与冰雪混合的抛丸黏附在作业车辆上，随车辆作业二次污染跑道表面，才产生了高风险，该事件发生具有一定的偶然性。

事件暴露出该机场隐患排查治理工作不全面、不深入，对使用抛丸机的相关安全风险认识不足、缺乏管控，对外包单位监督管理不到位，跑道作业标准不高，并且在已经查明金属抛丸安全风险的情况下，隐患整改决心不大、措施不力，未能及时彻底清除跑道上遗留的金属抛丸，导致事件再次发生。

3. 雷击/电击的防范措施

（1）认真吸取近年来行业内因大风、雷电、冰雹等危险天气导致人员伤亡、航空器损伤、地面设施设备损坏以及飞行运行不安全事件的经验教训，加强飞行机组、飞机维修、地面保障人员的安全风险警示和教育，加强危险天气预判，研究制定安全防范措施，完善应急预案，加强应急演练，提高应对和处置能力。

（2）针对大风、雷电、冰雹等危险天气，飞行机组要加强飞行前准备，认真研究起降机场和备降机场天气，针对大风、颠簸、低空风切变、雷电、冰雹等危险复杂天气，做好不正常情况的应对处置预案。在飞行过程中，要严格掌握运行标准，提高强化决断能力和复飞意识。

（3）机务维修人员要结合运行环境和天气特点，严格落实飞机检查工作，对飞机发动机、起落架、飞控系统等重要部件和系统进行重点检查，确保飞机适航性。

（4）运控部门要加强对危险天气的监控，严把飞机放行关口。在航班运行过程中，及时通过ACARS、卫星电话等通信手段，向机组通报目的地机场和备降场的危险天气变化，为机组决策提供支持。

三、安全基本数据分析

分析完当年的安全形势后，航空安全报告会对近10年飞行安全基本数据进行分析，其中2009—2018年飞行事故共67起，通航飞行事故65起，占97.0%（见表3-3）。由此可见，国内通航的安全形势非常严峻，安全管理水平远远落后于运输航空。

表3-3　2009—2018年飞行事故统计表

年度	飞行事故次数			运输航空重大以上飞行事故			通用航空死亡飞行事故			运输航空旅客死亡人数	运输航空亿客公里旅客死亡人数
	运输	通用	小计	次数	万时率	万次率	次数	万时率	万次率		
2009	0	2	2	0	0	0	1	0.027 5	0.016 0	0	0
2010	1	2	3	1	0.002 0	0.004 2	0	0	0	41	0.010 2
2011	0	5	5	0	0	0	2	0.036 9	0.021 3	0	0
2012	0	1	1	0	0	0	1	0.018 0	0.009 1	0	0
2013	0	13	13	0	0	0	5	0.079 1	0.038 7	0	0
2014	0	4	4	0	0	0	2	0.027 8	0.013 0	0	0
2015	1	9	10	0	0	0	5	0.060 9	0.028 2	0	0

续表

年度	飞行事故次数			运输航空重大以上飞行事故			通用航空死亡飞行事故			运输航空旅客死亡人数	运输航空亿客公里旅客死亡人数
	运输	通用	小计	次数	万时率	万次率	次数	万时率	万次率		
2016	0	10	10	0	0	0	6	0.074 6	0.036 9	0	0
2017	0	6	6	0	0	0	2	0.022 2	0.010 8	0	0
2018	0	13	13	0	0	0	8	0.080 3	0.039 5	0	0
5 年合计	1	42	43	0	0	0	23	0.054 2	0.026 1	0	0
10 年合计	2	65	67	1	0.000 1	0.000 3	32	0.047 5	0.023 8	41	0.000 6

2009—2018 年飞行事故征候 3 573 起，通航征候仅 173 起，按照安全管理的"冰山理论"来说，通航征候的信息报送率与通航事故的实际发生率达到了惊人的 2.66∶1，完全不符合"冰山理论"的比例，不能客观反映国内目前通航的安全形势，更突显了国内通航不安全事件信息收集存在的短板。

根据该统计表，针对通航死亡事故万时率、万次率，我们绘制出折线图（见图 3-16 和图 3-17）。

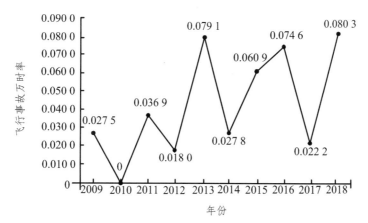

图 3-16　2009—2018 年通用航空死亡飞行事故万时率统计图

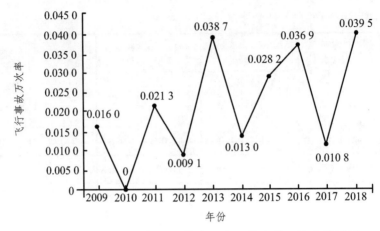

图 3-17　2009—2018 年通用航空死亡飞行事故万次率统计图

从图中看出，近 10 年通航的死亡飞行事故万时率、万次率均呈波动上升趋势，2018 年的万时率是 2009 年的近 3 倍，万次率 2 倍以上，安全形势越来越严峻。

从表 3-4 和图 3-18、图 3-19 可以看出，飞行事故发生原因中，机组原因占比 67.1%，是主要原因。根据图表反映出的信息，结合航路飞行、机动飞行共 26 起事故，我们需要深入挖掘机组对于飞行安全的重要影响。在通用航空运行中，机组原因与航路飞行、机动飞行叠加导致的飞行死亡事故发生概率最高。针对这种情况，笔者又对近年来的通航事故进行比较，发现事件类型为失控/失速原因的叠加因素占到了较大的比例。对于飞行机组、航路/机动飞行、失控/失速 3 种因素的叠加，我们通过以下典型事故进行分析剖析：

表 3-4　2009—2018 年飞行事故按主要原因、飞行阶段统计

原因分类	地面阶段	起飞	初始爬升	航路飞行	机动飞行	进近	着陆	紧急下降	失控下降	其他	合计
机组	1	5	1	17	9	2	5			5	45
机务		2									2
机械	1	1		2			1			2	7
空管											0

续表

原因分类	地面阶段	起飞	初始爬升	航路飞行	机动飞行	进近	着陆	紧急下降	失控下降	其他	合计
地面保障											0
天气/意外				3				1	1	2	7
待定		1		1		1					3
其他			1		1					1	3
合计	2	9	2	23	10	3	6	1	1	10	67

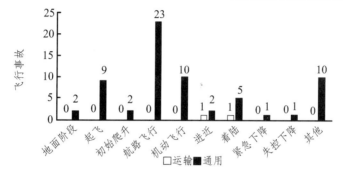

图 3-18　2009—2018 年飞行事故按飞行阶段统计

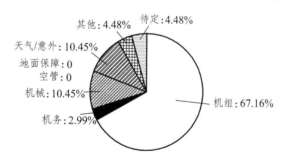

图 3-19　2009—2018 年飞行事故按主要原因统计

[案例 4] 20××年×月×日，某通航在×市执行人工增雨作业任务。14:40（北京时间，下同），飞机从×机场起飞。14:46，飞机转频至南昌区调。15:18，飞机坠落在×市×村，飞机坠地后起火燃烧。机上共 5 名人员（其中 2 名飞行员、3 名气象作业人员）当场死亡，飞机烧毁。事件还导致周边民房受损，地面 1 名村民被烧成轻伤。

调查认定导致该事故的原因是：事发飞机在实施人工增雨作业过程中长时间在结冰条件下飞行，出现机翼和螺旋桨严重结冰，机组未能对飞机结冰风险进行有效控制，进而飞机失速并进入螺旋，最终坠地起火。根据人员伤亡和飞机受损情况，该事件构成一起机组原因的通用航空较大事故。调查还发现，事发飞机经过改装后，公司相关数据资料不全，机组螺旋改出操作动作不规范等问题。

[案例 5] 20××年×月×日，××公司 C-172R 飞机在×通用机场执行本场带飞任务，机组 3 人。9:52，该机坠毁在×市郭王庄村附近。事发后，附近村民报警，地方公安、医疗、消防部门到达现场进行了应急救援，机组 3 人均被送往医院，抢救无效死亡，事件未造成地面人员伤亡。接报后，管理局立即要求山东监管局前往现场开展调查工作，并协调专家参与调查。调查组完成了现场勘查、目击证人访谈，调取了陆空通信、机载数据记录、训练记录等，对公司相关人员开展调查笔录，进行模拟验证飞行、部件实验验证等工作，现调查工作已完成。

调查认为该事件最大可能原因为机组在进行失速等特情处置飞行训练时操作不当，致使飞机进入螺旋状态，未能改出，导致航空器坠毁报废，造成 3 名机组人员死亡。该事件构成一起机组原因的通用航空较大事故。

[案例 6] 20××年×月×日，××有限公司 XA-42/B-×××号机在射阳通用机场进行本场特技科目训练。张（常用名张）前座副操纵，邓后座主操纵。飞机 17:35（北京时间，下同）开车，17:42 起飞，按计划完成了第一套选定动作训练后，17:57 机组在进行另一组动作训练时坠毁，坠机地点位于距射阳机场 344°方位约 2 千米处的一块农田里。机上共 2 名飞行员，全部遇难。

调查组通过对目击者的走访，现场残骸的勘察，以及结合飞机制造厂家给出的发动机参数报告，分析后认为造成该事件的最大可能原因是飞机在特技飞行过程中，进入复杂状态后未能及时改出，高度不足，导致飞机坠毁，机上 2 名飞行员当场死亡。

[案例 7] 20××年×月×日，C172S 飞机在×通用机场执行空中游览项目，机上有飞行员 1 人，乘客 3 人。11:42，飞机低空通场后拉升过程中失速，坠落在机场西南侧大约 400 米处。1 名乘客在送往医院途中身亡，飞行员和另 2 名乘客受伤，飞机报废。

调查组通过人员笔录、机场检查视频分析、机载设备译码、验证飞行等工作，最终认定该事件最大可能原因是该机在低高度通场拉升过程中仰角过大造成飞机失速坠地。飞行员在拉升时未能控制好飞机姿态是此次事件的主要原因。

上述 4 起失控/失速类型的事故中，均包含了机组操作原因，说明机组在复杂或应急运行情况下的飞机操作方式和技术不足是目前威胁通用航空飞行安全的主要因素。根据这 4 起事故进行针对性分析和安全建议如下：

（1）应改进飞行训练手册，在风险程度较高的飞行训练科目如失速训练等，禁止后排人员就座，防止飞机进入螺旋状态后难以改出，完善更新《运行规范》《飞行运行手册》其他相关手册。

（2）应加强教员队伍资质管理，严把入口关，加强教员能力方面的专门训练，加强复杂状态预防及改出训练，尤其在避免深度失速和进入螺旋方面，开展相应的特情训练。

（3）完善单位安全管理制度，加强安全管理人员力量，全方位提升安全管理、风险识别和隐患排查能力水平。

在新颁布的《民用航空器事件调查规定》（CCAR-395-R2）中规定"接受安全建议后，相关单位应当制定相应措施。民航局、地区管理当及时跟踪安全建议和实施效果"，要求在安全建议提出后需要有跟踪和监督，形成从事故—调查—建议落实的全流程管理。

四、飞行事故的统计

再沿着月度时间轴，挖掘 2009—2018 年飞行事故的规律。

1. 时间规律统计

从图 3-20 可以看出，10 年间的事故数量在 7 月迅猛增加，为什么 7 月会出现如此多的事故，是否在以后的通航运输飞行中，我们需要把 7 月作为飞行事故的高发月份来进行预警呢？

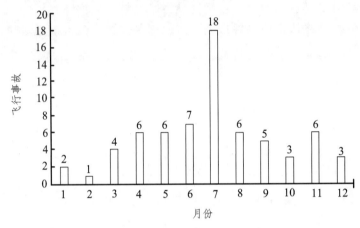

图 3-20　飞行事故的时间规律

在某一时间段连续发生多起飞行事故，首先要考虑的是天气情况，如风速风向、天气温度湿度等。笔者总结了 2016—2018 年 3 年间 7 月发生的共 5 起通航飞行事故，其中只有一起事故与风速风向有关。但细化分析，人员的疲劳、注意力不集中是发生事故的主要原因。说明在 7 月燥热的天气条件下，高强度的飞行工作会导致驾驶员产生疲劳，特别是需要精神高度集中的山区作业的通航飞行更易产生疲劳。针对人员疲劳这一风险，历年来民航也总结出了一套行之有效的防控方法。

（1）充分考虑到地区飞行的政治敏锐性、环境复杂性以及运行中遇到的各种风险，选派政治可靠、作风扎实、技术过硬、心理素质强的飞行人员执行任务，并根据飞行任务特点合理搭配机组人员，提高机组驾驶舱资源管理水平，以减小人为因素对安全的影响，增加安全裕度；同时要利用风险管理手段对航线情况，尤其是环境复杂的航线情况进行风险防控分析，制定有效措施，提高安全运行管理水平。

（2）加强飞行机组的"三基"建设，提升飞行机组的综合能力，增强对知识的储备及理解，尤其要加强基本驾驶术、应知应会的基本技能训练，打牢安全运行基础。

（3）密切关注机组人员执勤当天和前一天的身体状态，可通过各种仪器仪表、分析手段监测机组疲劳程度，采用科学的方法为机组提供良好的工作环境，严防机组疲劳驾驶。

2. 类型统计

接下来按类型统计 2009—2018 年的飞行事故（见表 3-5 和图 3-21）。

表 3-5　事故类别

年度	事故类型								
	冲/偏出跑道	场外接地	可控飞行撞地/障碍物	发动机空中停车	天气	失控/失速	迫降/紧急着陆	其他	合计
2009						2			2
2010			2			1			3
2011			3	1				1	5
2012								1	1
2013	3		3	2		2		3	13
2014			3			1			4
2015	1	1	4	1	1	2			10
2016	1		4			5			10
2017			3			2	1		6
2018	1		6			4	2		13
合计	6	1	28	4	1	19	3	5	67

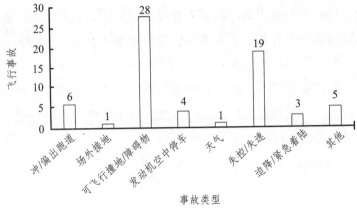

图 3-21 事故类型图

从图中可以看出，可控飞行撞地/障碍物和失控/失速类型的飞行事故共计 47 起，占总数的 70%。失控/失速类型的飞行事故上文已经做过具体分析，这里我们就来深究引起飞行事故最多的可控飞行撞地/障碍物类型。通过历史数据分析，近年来发生可控飞行撞地/障碍物大多为直升机，占比约 89%，根据事件描述，大多可控飞行撞地/障碍物是由刮碰电线等不可控因素导致的。下面通过几个直升机训练过程中发生事故的例子，梳理出现可控飞行撞地/障碍物的人为因素的原因。

[案例 8] 20××年×月×日，一架罗宾逊 R44 直升机在天气晴朗的情况下，进行个人训练飞行。在报请空军×指挥所同意后，在临时起降点附近飞行大约 20 分钟。18:50，该直升机正常飞行过程中突然出现发动机动力不足、旋翼出现低转速并报警器响起。飞行员迅速迫降，直升机接地后受损，人员安全，未对地面人员和设施造成损伤。

调查发现，飞行员在操纵直升机进行左转机动动作时，由于姿态、坡度、风向突变等可能原因，使发动机出现进气不足等状况，从而导致直升机动力下降，无法保持飞行速度和高度。飞行员根据当时的情况，选择直接进入场外迫降程序，并观察周边地形后选择就近一处平坦地带作为迫降地点，但由于动力不足加之飞行员对场外迫降程序不熟，操作不规范，直升机在选择的迫降点之前便坠地。

[案例 9] 20××年×月×日，罗宾逊 R22 在×机场执行悬停训练，

机上有 1 名教员 1 名学员共计 2 人。学员因是第一次上机操作,较为紧张,多次操作量过大,事发前教员最后一次修正航空器姿态,悬停约 1 米高度,新学员紧握驾驶杆,突然左靠杆量较大,由于离地面高度较低,可修回的余量不足。教员上手时左滑橇已经触地,导致机身侧翻坠毁,航空器报废,人员无伤亡。

调查发现,学员第一次上机情绪过于紧张,肌肉僵硬致使握杆较紧,对正常操纵量不熟悉。多数学员在第一次体验飞行时会感觉紧张,应避免突然或猛烈的动作,否则会使学员更紧张,教员多次告知放松后,学员并没有改观。教员认为这是新学员的通病,继续直升机操作教学让其感知直升机的操作量。

草地悬停阶段,教员多次进行修正后交由学员操作。修正内容有:回到草地中心点、恢复平衡、恢复安全悬停高度。事发前教员最后一次修正航空器姿态,未提升到悬停安全高度,就交由学员操作,悬停高度约 1 米,可修回的余量不足,安全余度不够。整个教学过程中教员放手量偏大,对悬停安全高度有所忽视,是此次事故的根本原因。

以上 2 个案例说明,在直升机飞行训练过程中,应注意以下几个关键点:

(1)加强飞行人员技能训练,排查飞行员能力弱项,有针对性地制订训练科目和训练计划,提升飞行员在复杂情况下对飞机状况的判断、处置和操控能力。

(2)对教员危险源识别和风险防控能力开展有针对性的培训,提升教员在实际运行中快速发现危险源、准确采取安全风险防控措施的能力,确保合理的教学放手量和足够的飞行安全裕度。

(3)加强航空器的适航管理工作,严格按照 CCAR-43 部的要求,落实各项维修工作。

(4)加强对飞行前相关资料、信息的收集和研判,可以通过签订协议的方式,增加天气信息的获得渠道,保证每次飞行均能在适航的天气状况下安全飞行。

(5)针对飞行训练、复杂地形条件下的运行做好风险管控工作,包括积极开展危险源识别工作,针对初始新学员的操纵特点、山区地形环境和气象条件复杂等方面的情况开展风险管理,从安全飞行高度、空域净空要求等方面制定安全风险防控措施。

五、安全管理经验

图 3-22 和图 3-23 展示了 2009—2018 年通航征候的变化特征，从图中可以看出近 10 年通航的征候万时率、万次率处于平稳态势，没有大幅度地上浮或下滑，但是随着通用航空的发展以及运行时间的增长，尤其是飞行训练院校的高速发展，事故发生的次数会随着运行时间明显增加。这是国家、民航所不能接受的，因此需要借鉴、挖掘国外或国内运输航更多的安全管理经验，运用于通用航空的安全管理上。

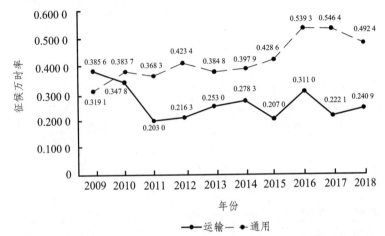

图 3-22　2009—2018 年运输与通用航空飞行事故征候万时率统计

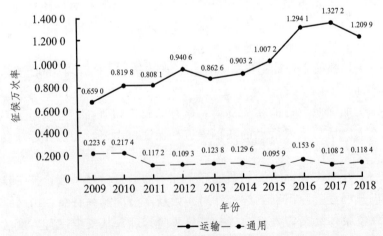

图 3-23　2009—2018 年运输与通用航空飞行事故征候万次率统计

局方发布的年报中对 1950—2018 年的飞行事故进行了详细的统计（见表 3-6），其中按每 5 年飞行事故统计如图 3-24 和图 3-25 所示。

表 3-6　1950—2018 年飞行事故统计

年度	飞行事故次数			运输航空重大以上飞行事故			通用航空死亡飞行事故		运输航空	
	运输	通用	小计	次数	万时率	万次率	次数	万时率	旅客死亡人数	亿客公里旅客死亡人数
1950—1954	3	2	5	2	0.26	1.594	0	0	0	0
1955—1959	14	21	35	6	0.276	1.172	9	1.34	18	3.588
1960—1964	7	24	31	1	0.033	0.104	6	0.53	10	1.321
1965—1969	5	17	22	3	0.104	0.315	6	0.5	7	0.643
1970—1974	6	28	34	3	0.101	0.295	10	0.76	22	0.917
1975—1979	10	29	39	3	0.06	0.142	13	0.9	51	0.454
1980—1984	8	13	21	3	0.044	0.094	9	0.43	55	0.189
1985—1989	7	24	31	6	0.046	0.101	17	0.83	165	0.194
1990—1994	12	17	29	9	0.035	0.072	16	0.81	453	0.23
1995—1999	5	12	17	3	0.005	0.008 2	9	0.17	83	0.022
2000—2004	3	11	14	3	0.003 3	0.005 5	8	0.109 4	207	0.032
2005—2009	0	14	14	0	0	0	6	0.044 0	0	0
2010—2014	1	25	26	1	0.000 3	0.000 7	10	0.035 1	41	0.001 6
2015—2018	1	38	39	0	0	0	21	0.059 6	0	0
合计	82	275	357	43	0.003 9	0.008 4	140	0.137 5	1 112	0.012 5

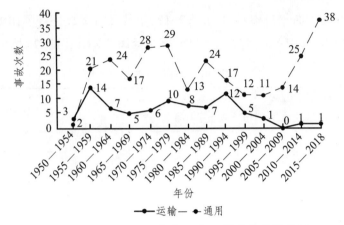

图 3-24　1950—2018 年每 5 年飞行事故次数统计

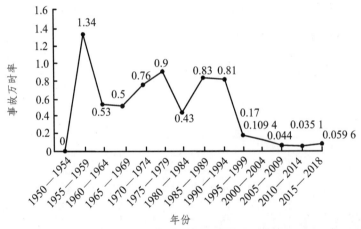

图 3-25　1950—2018 年每 5 年通用航空死亡飞行事故万时率统计图

　　从折线图中可以明显看出，1950—2018 年，运输航空的飞行事故数量得到了有效的控制和改善，在运输航空飞速发展、飞行时间大量增加的背景下，运输航空每 5 年的飞行事故数都有明显的下降，安全管理的成效明显。

　　虽然通用航空在每 5 年飞行事故次数上有着较为明显的增加，但这绝不能作为表征"通航安全形势恶化"的指标。在安全管理模式不变的情况下，飞行事故数理论上与飞行小时数正相关，因此以飞行事故万时率作为表征近几十年来通航安全形势的指标较为客观。

结合图 3-24 可以看出，虽然通航几十年来事故万时率呈波动下降的态势，但事故数呈上扬态势，因此对通航的安全管理需要投入更多的精力、人力与物力。通用航空在几十年的发展中，安全管理水平已经明显落后于运输航空，如何破局成为目前面临的首要问题。

上文是对民航局安全工作年报的浅析，通过各图表的解读说明数据信息的意义。每个安全管理人员接受的培训、业务能力都有差异，因此对数据信息的解读也会存在个体差异，挖掘信息的深度广度也会不同。如何消除这些差异，需要建立一套成熟的系统来收集处理这些信息资源。

第三节　基于事件样例的信息报送指南

一、通航紧急事件

（1）航空器空中相撞、坠毁或迫降。

条款解读：

① 航空器地面相撞请参考非紧急事件-航空器运行第 20 条。

②《民用航空器事故征候》中的迫降是指通用航空飞行中，航空器因无法继续进一步飞行而必须立即在机场或机场以外的陆地或水面上降落。

③ 迫降的典型实例有：航空器动力装置失效；起落架无法正常使用。

关键要素：×机场×位置、飞行中的高度和位置、天气、最后起飞点、最后联系时间、最后联系位置、最后联系内容、航空器上人数、伤亡人数、航空器损伤情况、地面损失、对机场运行影响、采取应急措施。

报送举例：无。

（2）飞行中，挂碰障碍物（含升空物体）或起落架机轮（滑橇、尾环、浮筒）之外的任何部位触地/水。

条款解读：

① 升空物体：风筝、风筝线、孔明灯、无人机、航模、气球等。

② 仅滑橇、尾环、浮筒触地/水按非紧急事件报送。

108

③ 飞行中，导致滑橇、尾环、浮筒之外的任何部位损伤，都按紧急事件报送。

关键要素：

挂碰物体名、航空器触地/水位置、航空器损伤情况（图片＋比例尺）、事发时航空器状态（航向、姿态、高度）、地面损失情况、采取应急措施。

报送举例：

① 2019 年 1 月 11 日，C172R 机执行 VOR 程序机长训练任务。在返航过程中，13:35，飞行高度修正海压 750 m，机组报告在崇州台羊场航段距羊场 8.5 km 位置，发现挂碰风筝线，管制员指挥该机上至高度 900 m，直线归航。后经机务检查，该机螺旋桨缠绕风筝线，发动机蒙皮和风挡玻璃有轻微擦痕。

② 2018 年 8 月 20 日，C172R 飞机执行本场起落带飞训练任务。15:30，飞机在着陆过程中拉飘，机组感觉着陆较重，在后续飞行 3 个起落后检查发现机尾环擦掉。机组立即报告塔台停车，由机务牵引回机库检查，检查发现机尾环掉落，临近区域蒙皮轻微擦伤，面积为等腰梯形（长：2.5 cm，宽：1.5 cm，腰：2 cm），方向舵底部整流罩轻微擦伤，露出底漆，飞机尾部机体结构无变形、蒙皮无皱褶，方向舵操纵正常，舵面无变形和皱褶。

（3）冲/偏出跑道或跑道外接地，导致航空器受损或人员轻伤。

条款解读：

① 中断起飞停在停止道上不属于紧急事件。

② 停止道是在可用起飞滑跑距离末端以外地面上经过整修的一块划定的长方形场地，适于航空器在中断起飞时停靠。

③ 停止道在起飞性能计算时是包含在可用起飞距离中的，故起飞时进入停止道，不按紧急事件报告，事件定性也不是事故征候。

关键要素：

运行阶段（起飞、着陆、滑行等）、事发跑道号（滑行道号）、航空器是否起火或冒烟、冲偏出未知和程度、跑道外接地位置、伤亡人数、航空器损伤程度、地面损失情况、对机场的影响、机组和机场采取措施。

报送举例：

2018 年 3 月 16 日，PA42 飞机执行飞行任务。18:10 左右，该机在返回广汉机场着陆落地滑跑过程中，冲出跑道头灯位置 24 m，向左偏出跑道中线 21 m，最终前轮偏出跑道约 15 cm，主轮停在停止道上，机组、人员和地面设备无损伤，塔台通知机组原地关车。

（4）需要机组成员宣布遇险状态（Mayday）或紧急撤离的情况。

条款解读：

① 紧急情况（PANPAN），如襟翼故障、安定面卡阻、多发飞机一台发动机失效等。

② 遇险情况（MAYDAY），如发动机失火、所有发动机失效、航空器失去控制、燃油紧急情况等。

③ 按手册要求该宣布或撤离而没有宣布或撤离的，也应按照紧急事件报送。

④ 无论是正确宣布还是错误宣布，只要宣布了就按照紧急报送。

关键要素：

需要宣布的情况、宣布人、机组用什么方式宣布、运行阶段、事发高度、事发地点、事发原因、相关单位处置情况。

报送举例：

① 2019 年 3 月 4 日，B777-300ER 飞机执行北京—洛杉矶航班。飞机在俄罗斯远东区域巡航过程中，飞机出现后货舱火警信息，机组执行后货舱火警检查单。释放货舱灭火瓶后，火警灯仍亮，机组决定备降俄罗斯阿纳德尔机场。机组宣布 MAYDAY 并调定应答机 7700。在阿纳德尔机场安全落地后实施紧急撤离，无人员受伤。

② 2019 年 5 月 29 日，B734 执行曼谷—南昌航班任务，曼谷起飞时间 17:42（北京时间），广州高空协调 8 100 m 移交给长沙。20:07 在 P246 附近该机 8 100 m 联系长沙，长沙指挥其下到 6 900 m 保持，保持约 3 分钟，在 VIGIS 附近机组报告因在云顶，申请上高度，因有其他机组插话，管制员要求其重复，随即机组报遇到重度颠簸，喊话"MAYDAY/MAYDAY/MAYDAY"。随后管制员指挥上到 7 500 m 保持并证实 7 500 m 飞行平稳，也证实无人员受伤，该机 20:35 正常进入南昌区域。

（5）航空器（内）起火。

条款解读：

① 注意区分线路跳火。

② 发动机或 APU 尾喷管内余油燃烧，但很快熄灭且未造成损伤的，按紧急事件报送。

关键要素：

事发地点、事发高度、起火部位、起火原因、影响范围、处置措施。

报送举例：

2018 年 1 月 28 日，A330 飞机执行香港—虹桥航班。北京时间 12:18 起飞，14:06 落地。起飞后半小时巡航高度 10 700 m，在广州区域有旅客手机自燃，机组及时处置后得到控制，并执行《危险品操作速查指南》中"电池、便携式装置起火、冒烟检查单"，确认没有引起其他不安全情况，对飞行安全无影响，航班后续正常执行。

（6）误出国境。

条款解读：

无。

关键要素：

误出国家、误出时间、误出距离、是否与军方联系、是否绕飞雷雨等机动、管制处置措施、机组处置措施。

报送举例：

7 月 12 日，B737 执行长白山—浦东航班。在长白山正常起飞后，因绕飞雷雨发生偏航，误入朝鲜境内约 20 km。沈阳空军发现后要求其立即返航，白山塔台指挥该机返航白山机场，落地正常。

（7）航空器与航空器碰撞；航空器与车辆、人员、设备、设施或其他物体碰撞，导致航空器受损。

条款解读：

注意区分以下非紧急事件样例：

① 航空器运行、空管保障-航空器与设施设备、车辆、人员、动物或其他物体相碰撞；航空器与航空器、设施设备、车辆、人员、动物或其他物体存在碰撞可能，需采取紧急措施。

② 航空器维修-航空器与设施设备、车辆、人员、动物或其他物体相碰撞刮碰，造成航空器损伤。

③ 地面保障、机场运行-航空器与设施设备、车辆、人员、动物或其他物体相碰撞刮碰。

关键要素：

任一航空器是否处于运行阶段、其他碰撞物信息、航空器损伤或受损情况（照片＋比例尺）、人员伤亡情况、对机场运行影响、相关单位处置情况。

报送举例：

2018 年 5 月 13 日，×机场发生一起加油车撤离过程中碰撞 A380-800 飞机事件。飞机 1 发尾部内、外侧 C 涵道边缘损伤，其中外侧损伤超标，加油车平台护栏变形。飞机损伤情况：1 号发动机尾部内侧和外侧 C 包皮下边缘损伤，损伤尺寸：外侧长 67 cm，宽 4 cm，依据 SRM54-32-02-285-801-A01 判断损伤超标；内侧长：左侧 3 cm，右侧 5 cm，损伤未超标。内侧 C 包皮完成在位修理，更换外侧 C 包皮，试车正常。

（8）飞行中失去全部电源。

条款解读：

全部电源含机载电瓶和空调发电机。

关键要素：

机组处置措施、管制处置措施、航空器高度、航空器位置。

报送举例：

2017 年 3 月 3 日下午，PA44-180 飞机机执行带飞训练任务，该机转场遂宁回广汉机场后继续本场训练。16:50 起飞后一边 100°航向、高度 900 m、DME4 n mile 后，机组发现发动机参数指针（滑油温度、汽缸头温度、排气温度）向右摆动一下，检查发现左发电机输出电流正常，右发电机输出电流指针乱摆，机组立即报告进近，进近指令机组立即联系塔台，还没有换到塔台频率，第二部 GPS 失效，接着出现整机断电。机组按照应急程序处置，并打开了携带的手机。此时塔台通过手机联系到机组，该机在塔台指挥下安全着陆，人机安全。

（9）直升机发生地面共振，造成航空器受损或者人员受轻伤。

条款解读：

人员轻伤是指使人肢体或者容貌损害、听觉、视觉或者其他器官功能部分障碍或者其他对于人身健康有中度伤害的损伤，报考轻伤一级和轻伤二级。

关键要素：

航空器所处状态（飞行、维修），人员伤亡情况、航空器受损情况、相关单位处置情况。

报送举例：

5 月 21 日，×单位在组织本场单飞训练时，直升机在换人过程中发生地面共振，造成直升机损毁，人员安全。经检查直升机主旋翼三片桨叶和主旋翼减摆器严重受损，机身变形，尾桨传动轴断裂，尾梁受损，左起落架减震支柱断裂，水平安定面脱落。

（10）航空器运行、维修或保障过程中，造成人员死亡、重伤。

条款解读：

① 使人肢体残废、毁人容貌、丧失听觉、丧失视觉、丧失其他器官功能或者其他对于人身健康有重大伤害的损伤，包括重伤一级和重伤二级。

② 实际工作中，关于伤情鉴定不需要出具司法鉴定，只要是国家县级以上医院出具诊断证明即可。

③ 人员轻伤不适用于由于自然原因、自身或他人原因造成的人员伤害，以及藏匿于供旅客和机组使用区域外的偷乘航空器者所受的人员伤害等情况。

关键要素：

航空器所处状态（运行、维修、保障），人员伤亡情况、相关单位处置情况。

报送举例：

7 月 4 日×单位 B-××××号机在×开展飞行训练时发生翻扣，启动应急救援后，发现机上 2 名飞行员死亡，航空器严重损毁。

二、非紧急事件

（1）航空器中断起飞。（航空器运行、空管保障）

条款解读：

① 中断起飞是指在起飞过程中，自决定中止起飞那一刻起直至航空器停止或脱离跑道，以先发生者为准。

② 中断起飞阶段属于飞行中。

③ 飞行中是指自航空器为实际起飞而使用动力时起，至着陆冲程终止的过程。

关键要素：

指令使用的跑道、实际使用的道面、机组处置措施、中断起飞的速度、停止的位置、是否与物体碰撞（如果碰撞请参考紧急事件）、航空器是否损伤（照片＋比例尺）、对机场或跑道使用的影响、是否宣布遇险状态/紧急状态/紧急撤离（如果宣布请参考紧急事件）、相关单位处置情况。

报送举例：

2019 年 6 月 1 日，A330-300 飞机执行杭州—香港航班。08:19 机场接报飞机从 02L 跑道中断起飞，中断起飞速度 10 节，人机安全。机场场务室 08:20—08:25 检查跑道正常，后经空管反馈为滑行灯亮，机组怀疑滑行灯告警。期间造成 2 个航班错过 CDM 时间。

（2）航空器俯仰角超过 + 25°或 – 10°、坡度超过 45°。（航空器运行）

条款解读：

① 源自 ICAO 对复杂状态的定义。

② 复杂状态是指飞行中的飞机无意间超出了在航线运行期间或训练期间通常出现的参数，通常以至少达到下列一项参数值来界定：俯仰姿态大于 25°，机头上仰；俯仰姿态大于 10°，机头下俯；倾斜角大于 45°；位于上述参数范围内，但是按照与条件不符的空速飞行。

关键要素：

事发位置、事发高度、事发阶段、超限数据、事发时天气、航空器是否可控、机组处置措施。

报送举例：

2019 年 4 月 16 日，B737-800 飞机执行哈尔滨—太原航班。哈尔滨机场大风天气影响，飞机重量偏轻（GW=61 108 kg），起飞后左无线电高度 155 ft 时机组未监控到飞机状态，俯仰角超过＋25°（俯仰超限红色事件，超限值 26°），超过 25°时长 1 s，机组持续带杆控制空速，触发时空速 177.75 kt。机组发现后俯仰异常后，及时修正驾驶杆杆量，并维持自动驾驶于 OFF 位，左 N1 由 99.5 逐渐减小 94.6，俯仰角逐渐减小至 21.2°，飞机状态恢复正常。

（3）飞行中，未完成预定的航空器构形。（航空器运行）

条款解读：

预定的航空器构形通常包括襟翼、缝翼、起落架和起落架舱门等。

关键要素：

事发高度。

报送举例：

① 2019 年 6 月 19 日，A330-300 飞机执行上海虹桥—台北松山航班，在台北松山进场过程中，海面上高度 7 500～8 000 ft 下降，管制员要求最小进近速度，机组考虑到节省燃油所以放襟翼至三档，此时没有放起落架，触发 LANDING GEAR NOT DOWN 警告，随即收回襟翼两档，警告消除，正常继续进近，落地正常。

② 2019 年 5 月 24 日 10:35 左右，DA42 飞机执行朝阳机场本场带飞训练，使用跑道 18，机组在第二个起落，三转弯位置时报告"起落架已放好，三转弯落地连续"，塔台回复"可以连续"，机组正常复述；飞机进近过程中通过 18 号跑道入口时（高度约 10 米）塔台指挥员发现飞机起落架未放下，指挥员立即提醒"检查起落架"，此时因飞机继续下降且距地面越来越近，指挥员随即给出"复飞了……复飞了……"指令。机组复飞时，飞机距地面最低高度 2～3 米。复飞后飞机加入 18 跑道起落航线，正常落地。

③ 2019 年 5 月 8 日，CESSNA172R 飞机执行学生本场单飞起落任务。9:30 左右，学员在落地连续起飞时感觉稳杆力很大、离陆速度仅约 40 n mile、一边速度 50 n mile 左右，在二转弯时学员报告塔台飞机速度

一直偏小，后按照塔台指挥检查飞机状态时发现襟翼手柄在收上位，但襟翼指位器指示在30°位置，经目视检查确认襟翼未收上。塔台指挥其对襟翼进行重新收放，前两次收放均无效，在三边后半段进行第三次收放时襟翼正常收上，后机组安全落地滑回。

（4）需要宣布最低燃油量状态，或超出燃油不平衡限制。（航空器运行）

宣布最低燃油量状态的情况。（空管保障）

条款解读：

① 宣布"最低油量"是通知空中交通管制部门对现行许可的任何改变会导致使用低于签派的最后储备燃油着陆。这并非指紧急状况，仅表示如果再出现不适当耽搁很可能发生紧急状况。

② 该油量是在考虑到规定的燃油油量指示系统误差后，最多可以供飞机在飞抵着陆机场后，能以等待空速在高于机场标高450 m（1 500 ft）的高度上飞行30分钟的燃油量。

关键要素：

事发高度、剩余油量的续航时间、空管处置措施、机组是否宣布最低油量、机组处置措施、机组是否宣布遇险状态/紧急状态/紧急撤离（如果宣布请参考紧急事件）、相关单位处置情况。

报送举例：

① 2018年12月7日，B789飞机执行名古屋—北京首都航班。次日00:07飞机在AA121，3 600 m高度，机组宣布最低油量，续航时间62分钟，需要尽快落地，00:24安全落地。

② 2017年10月17日04:00，区管接到通知在宜昌上空的航班H25B飞机宣布最低油量，申请直飞ZUUU。成都区管同意H25B直飞WFX，并向广州证实H25B是否需要其他帮助。机组回复只需要直飞，不需要其他帮助，且剩余油量为2小时30分。04:17，H25B切ENH进入成都区域，再次向机组证实情况，机组回复已宣布最低油量，剩余油量2小时15分。之后H25B在切FLG附近直飞02L跑道五边，于05:11在成都双流机场安全落地。

（5）航空器上发现鸟击（含蝙蝠）留下的血迹、羽毛、皮肤、肌肉或肢体等残留物且造成航空器损伤，或者机场围界内航空器起飞初始爬升阶段高度 100 m 以内以及进近着陆阶段高度 60 m 以内发生鸟击。（航空器运行、机场运行）

航空器上发现鸟击（含蝙蝠）留下的血迹、羽毛、皮肤、肌肉或肢体等残留物且造成航空器损伤。（航空器维修）

条款解读：

① 起飞 100 m/落地 60 m 是机场责任鸟击认定范围，局方掌握原则：在没有其他证据的前提下（如发动机振动值大），如果机组明确肯定（不是大概）发生在较低的高度，如落地拉平、落地滑跑、起飞抬轮阶段发生的鸟击，仅凭机组的报告，没有其他机场方的证据，应认定为机场责任的鸟击事件；如果机组报告是在一定高度，可不认定为机场责任的鸟击事件。

② 如定位机场责任，证据需充分。如 QAR 译码中发动机振动值明显变化与其他现象能够对应；机组证词中确定为起飞滑行、抬轮、落地滑跑等地面或接近地面高度阶段感觉到航空器遭鸟击；低高度时鸟击部位为风挡玻璃等机组明显观察到的地面。但机组反应在接近 100 m 或 100 m 的较高高度遭遇鸟击时，如果没有其他有力证据，一般事件原因选"天气意外"。

③ 除了起飞 100 m 降落 60 m 内有证据表明的任何鸟击都要上报外（相信机组报告），其他阶段的鸟击须造成航空器损伤才上报。

④ 注意航空器上的残留物，如有损伤需附上照片和比例尺。

⑤ 如有损伤、无残留物，按外来物撞击报送。但需要写清楚外来物撞击后损伤位置和尺寸大小，是否达到受损标准，附上带比例尺的照片，注明机务后续处理情况。

⑥ 涉及雷击、电击、冰击的切勿选择"外来物撞击"，有相关的事件类型供选择。注明雷击、电击、冰击痕迹与位置，是否有损伤，损伤是否超标，机组操作情况和机务后续处理措施。

⑦ 机组报告飞行中疑似鸟击，落地检查航空器无损伤、无残留，则不用报送。

⑧ 如机组在飞行过程中未发现异常，航后机务检查发现鸟击，即不明地点的鸟击，报送时责任单位选"其他"，事件原因选"天气意外"。

⑨ 如跑道上出现鸟类，场务巡场驱赶导致航班复飞，责任单位和责任原因都选"其他"。

⑩ 注意与动物撞击（一般是在机场跑道或滑行道上发生的动物撞击）区别。在此类事件中机组能感到撞击，并且在机场区域找到了动物尸体或飞机撞击面上有动物血液等能证明为动物撞击的，事件原因选择"机场保障"，责任单位为相应机场。

⑪ 高度按照真高计算。

关键要素：

事发高度、损伤情况（照片＋比例尺）、损伤是否超标、残留物情况、机组采取措施、维修措施、是否对机场运行构成影响。

报送举例：

① 2019 年 5 月 28 日，DA42 飞机执行本场带飞训练。夜航训练结束后，正常落地滑回。22:40 左右，机务人员对该机进行技术状态检查时发现该机左机翼前缘有疑似鸟击痕迹，有少量漆层脱落，可见基体黑色复合材料。5 月 29 日，机务人员对鸟击情况进行了详细检查，该机左机翼前缘中部展向约 118 mm 范围内表面漆层有多处细小凹坑，其中一处长约 4 mm、宽约 2.5 mm 凹坑较为明显，隐约可见内部黑色基体材料；该机翼中部上、下表面有少量羽毛、血迹残留；飞机其他部位无损伤。经向机组了解，机组人员在整个执飞期间未感觉到任何异常，飞机运行正常。该事件未对航班运行及其他训练飞行造成影响。

② 2019 年 3 月 8 日，SR20 飞机执行本场起落带飞任务。9:15 于起落三边，修正海压 2 000 ft（真高约 600 m），左侧机翼遭到鸟击，机体有明显震动，机组检查飞机操纵正常。后报告塔台，于 9:18 安全落地。经检查，飞机左机翼前缘有明显血迹和划痕，损伤区域：上部 54 cm×7 cm，下部 74 cm×7 cm，总面积共 896 cm²。损伤超标，飞机停场维修。

（6）航空器爆胎、脱层或扎破处遗留外来物。（航空器运行、航空器维修、机场运行）

条款解读：

① 轮胎扎伤（轮胎内有遗留外来物）事件，大多数无法确定扎伤的时间和地点，此时事件原因和责任单位选择"其他"。

② 针对轮胎扎破事件，应注明扎破处遗留的外来物。

关键要素：

轮胎损伤情况（照片＋比例尺）、扎破处外来物、航空器停止的位置、对机场运行是否影响、机组采取措施、相关单位采取措施。

报送举例：

① 2019 年 6 月 17 日 14:33，A320 飞机执行桂林—银川航班。从银川机场 21 号跑道落地后停 13 号机位，机务检查发现 1#主轮扎伤，伤口尺寸：长 18.47 mm、宽 4.99 mm、深 15 mm 的凹槽 2.75 mm，伤口内有小石子。更换 1#主轮，检查正常后于 18:39 正常放行。场务检查飞机滑行路线 21#-A7-D4-T2-13 号机位，未发现外来物，道面适航。

② 2019 年 5 月 23 日 10:13，C172R 飞机执行转场训练任务。在×机场使用 21 号跑道着陆。10:15 机组报告着陆滑跑过程中左侧机轮发生左主轮轮胎爆胎漏气，机组处置控制飞机在跑道上滑停关车，人机安全。机务将飞机牵引至机库停放，机场恢复正常运行，该事件未造成其他影响。经机务检查，外胎破洞尺寸：长 27.21 mm，宽 54.26 mm；内胎破洞尺寸：长 18.97 mm，宽 8.56 mm。

（7）航空器部件脱落或丢失。（航空器运行）

航空器部件脱落或丢失；航空器外载（含吊装设备）脱落或丢失。（航空器维修）

条款解读：

① 零部件（CCAR21）指任何用于民用航空产品或者拟在民用航空产品上使用和安装的材料、零件、部件、机载设备或者软件。

② 部件（CCAR145）指除航空器机体以外的任何装于或者准备装于航空器的部件，包括整台动力装置、螺旋桨和任何正常、应急设备等。完成某一特定功能的一组零件的组合（如作动器、电动机、油泵、储压气瓶）以及大的结构件（如蒙皮、机翼结构、吊架、舵面、减速板、整流罩、起落架舱门、翼尖小翼等）。

关键要素：

事发阶段、事发高度、脱落物名称、机组采取措施、相关单位采取措施。

报送举例：

① 2019 年 4 月 26 日，DHC-6 飞机执行普洱-澜沧航班。18:49 自普洱思茅机场起飞，于 19:22 落地澜沧景迈机场，在飞机着陆滑跑过程中速度约 60 节时，右侧客舱应急逃离门脱落，门脱落至跑道上。机组得知后通报塔台，后由随机机务根据塔台指令到跑道将应急逃离门拾回，未对机场运行造成干扰。

② 2018 年 5 月 4 日，DA40D 飞机于 18:47 在博乐机场 10 号跑道起飞，18:53 分背台 11 nmile，高度 1 100 m 平飞，完成巡航检查单，一切正常，18:55，PFD 显示 DOOR OPEN。机组控制好飞机状态后，迅速检查舱门，发现后舱门出现约 0.5 cm 间隙，随即机组多次按压后舱门把手，未能处理间隙，约 1 分后，后舱门脱落，随即报告塔台，返场，19:05，于博乐机场安全落地，人机安全。在飞机平飞脱落空域下方，无居民区，皆为戈壁荒滩，暂未收到相关砸伤第三方的信息，脱落的后舱门于事件发生后 13 个小时内已找到。

（8）航空器携带外来物飞行。（航空器运行、航空器维修）

条款解读：

① 外来物一般为机务、地服、航空器制造厂家不恰当地遗留在航空器上/内的物品。

② 需要报告：外来物遗留在电子舱、起落架舱、盖板、发动机、操纵面、货舱（货场只报送含有锂电池的外来物），可能影响飞行安全。

关键要素：

外来物名称、发现位置、是否影响正常操纵、处置措施。

报送举例：

① 2019 年 4 月 9 日，A320 飞机南宁航后检查左组件作动器件号，打开左空调盖板后发现一把手电。发现的手电类型非本公司或其他国内本公司代理单位的手电，判断是厂家遗漏在飞机上，该机于 2018 年 12 月 29 日引进。

② 2019 年 3 月 24 日，E190 飞机执行南昌—遵义航班。北京时间 16:35

从南昌起飞，18:34 在遵义正常落地。落地后勤务人员检查发现该机外部电源盖板处夹带有过站维护资料。经查航班随机放行人员在南昌昌北机场检查放行飞机后，未与昌北机场勤务机务当面交接过站工卡及 FLB 黄页，而是将资料用清洁袋包裹后夹在地面电源盖板处（雨天）。南昌机场勤务机务因送机时未使用耳机与驾驶舱联系，且绕机检查未发现夹带的资料，致使飞机地面电源盖板处夹带资料飞行至遵义茅台机场。飞机检查情况正常，后续航班正常。

（9）遭遇无人机、风筝等升空物导致航空器避让的情况。（航空器运行、空管保障）

在净空保护区内出现影响航空器安全运行的升空物体。（机场运行）

条款解读：

因升空物体导致航空器地面等待也属于报送范围。

关键要素：

事发地点、事发高度、升空物名称、采取措施、影响运行情况。

报送举例：

① 2019 年 4 月 27 日 C172R 飞机执行 VOR 程序机长训练任务，14:25 左右，在崇州 VOR 台以东 3 n mile 位置高度 900 m，机组报告发现一小型白色无人机，VOR 台以东 3.5 n mile，高度 800 m 向南运动。进近立即组织后续飞机（机号 7938、9295）进行避让。该航线暂停 30 分钟后恢复正常训练。

② 2019 年 4 月 12 日，B737 飞机执行航班运输任务。22:37，塔台收到报告：在 × 上空发现一个不明飞行物。管制员立即按照相应处置程序，通知机场净空保护部门进行排查处理。22:58，机场电话通知净空安全，可以起降。净空排查期间造成该航班地面等待，延误起飞 25 分钟。

（10）航空器非正常位移。（航空器维修）

条款解读：

非正常位移通常包括：大风吹动、试车时飞机移动等。

关键要素：

航空器位移距离、事件原因、航空器损伤情况、人员伤亡情况、采取措施。

报送举例：

① 2018 年 12 月 18 日，A320 飞机 00:40 落地，00:50 滑入。由于此架飞机 APU 已办理故障保留（无法给飞机供电），滑入后需要接外接电源，公司驻外维修人员确认外接电源接好后询问机组飞机状况，之后在未确认轮挡是否放置到位的情况下通知机组松刹车，造成航空器意外向后滑动 4.7 m，导致飞机外接电源插座与 121AL 盖板两个部件损坏。

② 2018 年 11 月 25 日，MA60 飞机计划执行克拉玛依—博乐航班，在克拉玛依机场停放过夜。25 日凌晨 01:00—09:00，克拉玛依遭遇罕见超强风侵袭，平均风速 29.4 m/s，最大风速为 33.8 m/s。因大风天气，造成飞机前轮发生位移，距离约 30 cm，前轮固定地锚铁链断裂（主轮固定地锚铁链未断裂），进气道防沙堵头被吹跑，航空器未出现损伤。事件发生后，机务人员执行"大风/骤风后检查""飞机极度积尘检查"，检查正常，后续飞机正常执行航班任务。

（11）飞行中，航空器失控、失速或出现失速警告 3 s（含）以上。

条款解读：

① 失控是偏离计划飞行航径的极端表现，且失速是一种失控。

② 失速警告累计达到 3 s 也需报送。

关键要素：

事发阶段、事发位置、失速时间、触发警告类型（机载设备、空管系统、其他）、警告次数、角度、航向、坡度、俯仰角、采取措施、航空器是否损伤、人员伤亡情况、机组是否宣布遇险紧急以及撤离等状态的情况。

报送举例：

① 2019 年 6 月 9 日，MA60 飞机在接地后 18 s 触发失速警告 5 次，共计 3 s。第一次失速警告，持续 0.5 s，攻角 16.800 5°，俯仰角 1.04°，指示空速 27.8 kt，襟翼位置 30°；第二次失速警告，持续 0.5 s，攻角 24.874 1°，俯仰角 0.098°，指示空速 29.06 kt，襟翼位置 30°；第三次失速警告，持续 0.5 s，攻角 5.263°，俯仰角 0.18°，指示空速 10.31 kt，襟翼位置 30°；第四次失速警告，持续 1 s，攻角 4.490 3°，俯仰角 −0.47°，指示空速 14 kt，襟翼位置 30°；第五次失速警告，持续 0.5 s，攻角 4.463 7°，

俯仰角 – 0.57°，指示空速 10.25 kt，襟翼位置 30°。警告触发时刻，飞机已接地，实际无失速风险，人员安全。

② 2019 年 4 月 10 日，B787-9 飞机执行浦东至墨尔本航班。北京时间 11 日 00:49，巡航至马尼拉区域，突遭中度颠簸，持续 5 秒左右，期间触发瞬时 1 秒左右抖杆，机组处置正常，后续正常，飞机无损伤，无人员受伤。

（12）低于安全高度或触发地形警告（过大的下降率拉起警告、地形提示拉起警告）。

条款解读：

① 触发地形警告源自 CTSO-C151b-地形提示与警告系统如表 3-7 所示。

表 3-7 地形提示与警告系统

优先级	描述
1	过大的下降速率拉起警告 Sink Rate Pull-Up Warning
2	地形提示拉起警告 Terrain Awareness Pull-Up Warning
3	地形提示提醒 Terrain Awareness Caution
4	PDA（"太低地形"，"too low terrain"）提醒 PDA（too low terrain）Caution
5	高度呼叫 "500" five hundred Altitude Callouts 500
6	速率 Sink Rate
7	不要下降（模式 3）Do not Sink

② 注意 "最低安全高度" 的概念，参看 CCAR91 第 91 条。

③ 报送未保持安全高度的相关信息时，应注明航空器应保持的安全高度以及航空器实际的飞行高度；注明因天气现象、系统故障或其他原因不能保持安全高度。

关键要素：

事发阶段、事发位置的最低安全高度[根据适用情况选择：最低航路高度 MEA（沿航路或航线飞行）/航段最低飞行高度（沿进离场航线飞行）/最低超障高度 MOCA（最后进近阶段）/最低扇区高度 MSA（机场半径 46 千米范围内）/最低雷达引导高度（处于雷达管制扇区）]、航空器实际最低飞行高度[修正海压高度/场面气压高度/真高（无线电高度）]

报送举例：

① 2019 年 5 月 23 日，B737-800 飞机执行武汉—台北机场航班。巡航过程中，高度 10 400 m，位置 tesig 附近，左右侧 GPS 相继失效，紧接着地形警告 TERRAIN，TOO LOW TERRAIN，PULL UP 出现多次，持续约 4 分钟，机组判断假信号，正常飞行并报告管制员核实飞机位置。

② 2018 年 4 月 30 日，B737-800 飞机执行黄平本场训练。15:13 使用 22 号跑道起飞，机长 VOR22 号向台后报告 ATC 复飞后衔接 22 号目视起落，ATC 批准复飞后上升起落航线高度 1 500 m 加入左手起落航线。正常复飞后光洁形态，一边上升 1 500 m，接通自动驾驶自动油门开始左转，准备做目视进近准备工作，左转过程中触发地形警告两声、PFD 上出现 PULL UP 信息，机长脱开自动驾驶自动油门，发口令调 MCP 板高度 1 800 m 执行机动飞行，随即警告消失。机长报告 ATC，ATC 指挥保持 1 500 m 目视起落正常做，后于 17:56 正常落地。

（13）导致航空器飞行中操纵困难的系统故障、部件脱落、天气现象、飞行超出批准的飞行包线或其他情况。

条款解读：

判断操纵困难以飞行员报告为准。

关键要素：

事发阶段、事发高度、系统故障/部件脱落/天气现象/超出飞行包线具体情况、航空器是否可控、是否宣布了遇险紧急以及撤离等状态的情况、机组处置情况、相关单位是否采取行动。

报送举例：

2017 年 12 月 4 日，B737-800 飞机执行北京—佳木斯航班。在佳木斯 06 号跑道 ILS 进近过程中（2 500 ft 左右），机组放着陆襟翼 30 时，后缘襟翼卡阻在 25，没有不对称现象；机组中止进近，收襟翼 15 时，襟翼手柄在 15，襟翼指位表在 25 未移动，机组将襟翼手柄放 25，正常收起落架，平飞时起落架形态警告响，机组放下起落架。机组评估后改为机长亲自操纵，制定预案，密切分工，后按 ATC 指挥重新进近，用襟翼 25

正常落地。佳木斯机务依据 AMM27-51-00 多次操作襟翼工作正常。4 日航后更换 FSEU 和右侧襟翼位置传感器，运行正常。

（14）发动机火警、非包容性涡轮发动机失效；飞行中发动机停车或需要关停的情况。

条款解读：

① 非包容性涡轮发动机失效是指造成发动机本身失效以外的损伤。

② 发动机非包容性失效是指由于环境（鸟撞、腐蚀、外来物破坏）、制造和材料缺陷、机械、人为等因素（维修、检查、运行程序不当），导致发动机转子碎片从发动机甩出而可能对飞机造成危害的任何损坏。

③ 依据手册规定需要关停。

④ 自动停车或机组人工关车，按飞行手册等相关规定应当人工关车但机组未关车的也算发动机停车。

关键要素：

发动机位置、发动机型号、发动机和航空器损伤情况、机组采取措施、相关单位处置情况、机组是否宣布遇险紧急以及撤离等状态的情况。

报送举例：

2019 年 5 月 26 日，A330-300 飞机执行北京—圣彼得堡航班，在 30 000 ft 巡航阶段，计划落地前 1 小时左右机组监控到左发 EGT 参数异常，按检查单处置。随后在 26 000 ~ 27 000 ft 下高度阶段，持续出现左发 EGT 超限指示，机组按检查单关停左发。飞机于北京时间 23 点 59 分在圣彼得堡机场安全落地，旅客正常下机。飞机落地后机务检查左发 3005VC 处绿和白接线片和芯线虚接。更换失效的接线片，试车测试正常，飞机已于 5 月 28 日 06:00 起飞回北京。左发发动机信息：ENG1，TRENT700，装机时间 2014 年 5 月 16 日，装机使用 19060FH、5540CY，随飞机于 2014 年 7 月 9 日引进的原始装机件，近 6 个月未出现过左发 EGT 相关故障。

（15）飞行中，飞行机组成员因受伤、患病、疲劳、酒精或药物的影响而无法履行其职责。

条款解读：

① 飞行机组成员是指飞行期间在航空器驾驶舱内执行任务的驾驶

员和飞行机械员。（来源：CCAR121R5 指这个航段内即将或曾经在驾驶舱执行任务的飞行机组成员）

② 随机机务和加机组人员不算飞行机组成员；长航线飞行，中途换班休息未在驾驶舱的飞行人员算飞行机组成员。

③ 机组成员是指飞行中民用航空器上执行任务的驾驶员、乘务员、航空安全员和其他空勤人员。（来源：CCAR332R1《公共航空旅客运输飞行中安全保卫规则》）

④ 机组成员是指飞行期间在航空器上执行任务的航空人员，包括飞行机组成员和客舱乘务员。（CCAR121R5）

⑤ 信息报送中机组成员采纳 CCAR332R1 的定义。

关键要素：

事发阶段、航空器位置、哪位成员失能（具体岗位、姓名）、失能具体情况（失去意识、失去肢体活动能力、抽搐、食物中毒、死亡、其他）、身体是否需要急救、机组是否宣布遇险紧急以及撤离等状态的情况、机组采取措施、相关单位采取措施。

报送举例：

2018 年 6 月 6 日，A320 飞机执行重庆—太原航班，3 名机组（1 名机长 ＋ 2 名副驾驶）。起飞约 20 分钟后，航路飞行阶段高度约 8 100 m 附近，右座副驾驶感到身体不适（腰部疼痛），向机长申请站一下。随后机长与该名副驾驶完成交接程序后，安排另一名副驾驶上座配合飞行。几分钟后，该名副驾驶感到疼痛加剧，机组决策返航重庆。期间，该名副驾驶意识清醒，与其他机组人员保持交流。重庆落地后，该副驾驶自己走下飞机，并被送至重大附属三医院检查，后续航班更换机组执行。医院的诊断结果为肾结石。

（16）飞行中，航空器与航空器之间小于规定间隔或平行跑道同时仪表进近运行时航空器进入非侵入区（NTZ）。

条款解读：

① 适用于非雷达管制区和雷达管制区。

② 小于规定间隔：同时小于垂直间隔和水平间隔或小于尾流间隔。

关键要素：

航空器之间最小飞行间隔（水平距离、垂直距离）、规定间隔（水平距离、垂直距离）、是否触发警告（雷达警告、TCAS RA、TCAS TA、未告警）、管制处置措施、机组处置措施。

报送举例：

① 2019 年 2 月 12 日，B738（以下简称 A 航班）执行成都—黔江至珠海航班；另一架 B738（以下简称 B 航班）执行黔江—海口。13:44 由于冲突调配，黔江管制员指挥 A 航班下降到修正海压 3000 保持并加入八面山（BMS）标准等待程序，A 航班机组复诵指令无误。13:46B 航班起飞后，管制指挥上升到修正海压 2700 保持报告，13:49B 航班到达修正海压 2700 向管制报告有同高度飞机。管制员立即证实 B 航班高度为修正海压 2700，同时向 A 航班证实高度，A 航班回复修正海压 2700。管制员立即指挥 B 航班左转直飞 p127，并证实 A 航班下降高度指令，重复指令下降到修正海压 3000 保持。两架飞机在没有建立 300 m 高度差的时候，根据本场 ADSB 估计，水平侧向间隔约 8 km。13:55A 航班正常加入进场程序。13:57B 航班上升到标准气压 3600 脱波。14:10A 航班本场落地。经管制询问，两架飞机均没有触发 TCAS 告警。后 15:15A 航班在黔江起飞。

② 2017 年 7 月 13 日，B738 飞机执行西安—昆明航班。因天气原因，13:22 区调指挥飞机在威宁西南 30 km 位置附近左转盘旋，13:30 指挥 B738 由 7 800 m 下降至 7 200 m 保持，在盘旋下降过程中与 B737（昆明—黔江）航班发生飞行冲突。两机触发 TCAS RA 告警。两机同高度时，最小间隔约 3 km。

（17）飞行中，区域范围内，陆空通信双向联系中断 15 min（含）以上，或在进近或塔台范围内，陆空通信双向联系中断 3 min（含）以上（通航使用机载设备以外的方式建立可靠语音通信联系的情况除外）。（原紧急事件划入通航非紧急事件）

区域范围内，陆空通信双向联系中断 5 min（含）以上，或在进近或塔台范围内，陆空通信双向联系中断 1 min（含）以上。

条款解读：

① 在通航事件中，两个条款按照最严格的标准执行。

② 执行最严格的标准时，注意包含地面滑行时双向通信中断。

③ 双向联系中断时间的确定为：自飞行机组或空管单位发现通信中断时起，至重新建立通信联系时止。

④ 双向联系中断：空管单位和飞行机组之间无法通过局方批准使用的 VHF、HF 语音通信或 CPDLC 提供和接收有效的空中交通服务，包含不限于因通信设备失效、使用错误的通信频率或人为原因（如语音通信音量调小、睡岗等）导致发送和接收通信中断。

关键要素：

管制区域、中断地点、事发高度、中断起止时间、中断总时长、中断时所属管制区、恢复时所属管制区、管制处置措施（预防性安全措施、紧急指挥措施、未采取）。

报送举例：

8 月 28 日，A319 飞机执行成都—拉萨航班。飞机在拉萨脱离跑道后，联系塔台时发现 VHF1 的主用频率为 132.35（区调），机组立刻转换频率 118.25（塔台）联系塔台，并按其指令滑到机位，期间陆空通信中断约 4 分钟，未造成冲突。

（18）因航空器原因需机场启动集结待命级别的应急响应。（地面保障、机场运行）

条款解读：

① 紧急出动：已发生航空器失事、爆炸、起火、严重损坏等情况，各救援单位应当按照指令立即出动，以最快的速度赶赴事故现场。

② 集结待命：航空器在空中出现故障等紧急情况，随时有可能发生航空器坠毁、爆炸、起火、严重损坏，或者航空器受到非法干扰等紧急情况，各救援单位应当按照指令在指定地点集结。

③ 原地待命：航空器空中发生故障等突发事件，但该故障仅对航空器安全着陆造成困难，各救援单位应当做好紧急出动的准备。

关键要素：

航空器情况（失事/爆炸/起火/严重损坏/其他情况）、事发高度、引起紧急/遇险状态或紧急撤离的原因、机场采取的措施、管制采取的措施、人员伤亡的情况。

报送举例：

2019 年 6 月 12 日，E190 飞机执行台州—贵阳航班，飞机于 21:27 起飞，正常收起起落架，收起起落架后出现起落架承重感应系统失效信息，机组执行快速检查单，决定备降南昌机场，飞机在南昌进近过程中正常放下起落架，且起落架放下后，故障信息消失，23:06 飞机在南昌机场正常落地并滑行进机位（期间南昌机场指挥中心启动二级应急响应）。

（19）返航、备降或机场标高 300 m 以下的中止进近、复飞（低能见度、大风、乱流、雷雨等天气原因，机场宵禁和旅客自身原因除外）。

条款解读：

① 括号里的内容对本条款提及的所有情况都适用。

② 航空器高度按真高计算、填报。

③ 旅客自身原因：生病、扰乱公共秩序等情况。

关键要素：

事发高度、事发地点、事发原因、机组采取措施、其他相关单位采取措施。

报送举例：

2019 年 6 月 18 日，A320 飞机执行丽江—北京航班任务。20:01，飞机进入北京管制区在 TODAM，高度 8 900 m 时，由于绕飞天气导致油量不足，机组报告申请备降呼和浩特，管制员通知其他部门完成备降工作，未造成其他影响。20:24，飞机在呼和浩特降落。

第四节　飞行训练事件样例节选

一、航空器运行

（1）飞行前，机组成员检测出酒精含量超标。

背景：依据《大型飞机公共航空运输承运人运行合格审定规则》《民用航空卫生工作管理规则》《大型飞机公共航空运输承运人和小型航空器商业运输运营人酒精监测程序》，航空人员每次航前要接受航空公司酒精检测，同时随时还可能接受民航局的抽查，相关要求包括，机组成员呼出气体中所含酒精浓度达到或者超过 0.04 g/210 L，或者在酒精作用状态下，不得担任或者继续担任飞行或者安全工作；机组成员在工作过程中，不得饮用含酒精饮料；机组成员在饮用含酒精饮料后 8 小时之内，不得上岗值勤等。为了进一步提高安全裕度，国内许多航空公司普遍都会高于局方规定的标准。因此，飞行训练院校在《飞行训练事件样例》中加入酒测的相关条例是很有必要的，这也是对飞行训练院校安全文化的一种促进。

（2）未经航医批准，使用影响人体官能的药品参加飞行。

（3）隐瞒受伤等病情参加飞行。

（4）飞行人员无证、证照不全或失效参加飞行。

（5）未携带有效飞行文件参加飞行。

（6）机组成员与任务书不符并起飞。

（7）在超过《飞行运行手册》有关飞行时间限制的情况下参加飞行。

（8）未经授权人员签署整机放行并起飞。

（9）未经批准，航空器在运行规范以外的机场运行。

（10）在航空器内吸烟（含电子烟）。

背景：1997 年 12 月 30 日中国民航局下发《民用机场和民用航空器内禁止吸烟的规定》，明确民用机场内的禁烟区域等内容。飞行训练院校根据局方相关要求，结合自身情况做出相关的规定以及信息报送要求。

（11）机载应急定位发射机（ELT）非正常触发。

（12）航空器中断起飞。

着陆过程中发生"海豚跳"，或重着陆导致航空器损伤。

航空器着陆前，下降至场压高度 100 m（含）以下，起落架未放到位。

进近过程中飞错机场、跑道和着陆方向，以及误判滑行道为跑道，在最后进近阶段发现并纠正。

起飞质量 5 700 kg 以上航空器空中失去一套电源、液压系统。

飞行中，导致航空器飞行中操纵困难的系统故障、部件脱落、天气现象、飞行超出批准的飞行包线或其他情况。

航空器系统故障或失效，需要改变高度、速度、造成中止进近、复飞、返航、备降、占用跑道、需要机场启动应急响应或需在最近合适的机场着陆。

航空器遭遇风切变（以设备探测或警告为准）。

运行阶段，航空器轮胎漏气、爆胎、脱层或扎破处遗留外来物。

运行阶段，航空器刹车失效。

航空器部件脱落或丢失。

燃油、滑油口或液压油盖未盖好，航空器滑行或起飞。

运行阶段，燃油、滑油或液压油油箱盖丢失或脱落。

航空器非正常位移。

活塞发动机停车后，未关磁电机开关并取下钥匙。

航空器（内）起火、冒烟或出现火警、烟雾警告；发动机起火或出现火警。（因刹车引起的轮毂冒烟除外）

二、航空器维修

（1）机载应急定位发射机（ELT）非正常触发。

（2）运行阶段，航空器轮胎漏气、爆胎、脱层或扎破处遗留外来物。

（3）燃油、滑油口或液压油盖未盖好，航空器滑行或起飞。

（4）运行阶段，燃油、滑油或液压油油箱盖丢失或脱落。

（5）航空器非正常位移。

（6）除直升机外，航空器带系留开车。

第五节　航空安全管理系统

在"大数据"时代，要想充分收集利用数据信息，必须开发出合适的软件系统，系统对于航空安全信息是至关重要的一环。一个功能强大、信息全面、技术手段先进的信息管理平台，能够极大地提升安全信息管理的工作质量和效率。同时，对于安全信息管理工作而言，这样的信息管理平台，能够给予实施创造更便捷、通畅的工作条件，从而激发人员极大的工作热情和工作自信，使他们乐于参与到这项工作中来。

飞行训练院校的航空安全信息系统整体构架应包括安全管理体系 4 大支柱、12 个要素，以及国家、局方层面对安全管理的要求。

一、规章制度

系统应建立安全类规章制度的共享机制，规章制度的划分如表 3-8 所示。

表 3-8 规章制度的划分

类别	具体法律规章
国家层面法律	《中华人民共和国民用航空法》
	《安全生产法》
	《中华人民共和国消防法》
国家层面法规	《生产安全事故应急条例》
	《危险化学品安全管理条例》
	《生产安全事故报告和调查处理条例》
民航局层面规章	《民用航空器事件调查规定》
	《民用航空安全信息管理规定》
	《民用航空安全管理规定》
	《中国民用航空应急管理规定》
	《民用航空器飞行事故应急反应和家属援助规定》
民航局层面规范性文件	《民用航空安全信息保护管理办法》
	《民航安全从业人员工作作风长效机制建设指南》
	《民用航空器征候等级划分办法》
	《民用航空器事件调查安全建议管理办法》
	《事件样例》
	《运输机场安全管理体系（SMS）建设指南》
	《民航应急预案管理办法》
	《民航行政机关航空安全举报信息管理办法（试行）》
	《运输机场安全管理体系（SMS）建设指南》
	《民航应急预案管理办法》
	《民航安全隐患排查治理长效机制建设指南》

续表

类别	具体法律规章
飞行训练院校层面管理手册	《航空安全管理手册》
飞行训练院校层面程序、规定	《航空安全信息管理规定》
	《航空安全风险管理规定》
	《航空安全隐患排查治理管理规定》
	《航空安全绩效管理规定》
	《航空安全检查管理规定》
	《航空安全管理评审规定》
	《航空安全教育培训管理规定》

二、安全责任义务

系统在首页应划分责任义务模块，确定本单位的安全责任体系，落实各个模块的安全责任人，使安全管理工作得到更好的实施。

（1）民航企事业单位的主要负责人对本单位安全生产工作至少应负有的职责描述：

① 组织建立本单位航空安全运行议事机构（如安全委员会）。

② 组织建立健全本单位全员安全生产责任制，加强安全管理体系化建设。

③ 组织制定并督促落实本单位安全运行规章、制度、程序以及标准化流程。

④ 保证本单位的安全运行投入（包括人力资源、资金、设施设备等）的有效实施，并对由于安全运行所必需的资金投入不足导致的后果承担责任。

⑤ 组织建立并落实安全风险分级管控和隐患排查治理双重预防工作机制，对危险源、安全隐患进行持续性管控、治理。

⑥ 组织制定并实施本单位的应急救援体系，包括应急队伍建设、应急预案编制、应急演练规划等。

⑦ 组织制定并督促落实本单位安全教育和培训计划。

（2）民航企事业单位的安全生产管理机构以及安全生产管理人员对

本单位安全生产工作至少应负有的职责描述：

① 组织或者参与拟订本单位安全运行规章、制度、程序以及标准化流程。

② 组织开展危险源辨识、评估和管控，督促落实本单位重大危险源的安全管理措施，对本单位危险源进行持续性管控。

③ 组织或参与构建本单位的应急救援体系，包括应急队伍建设、应急预案编制、应急演练规划等。

④ 组织或者参与本单位安全教育和培训，如实记录安全生产教育和培训情况。

⑤ 组织或参与检查本单位的安全运行状况，及时排查安全隐患，提出改进安全运行的建议。

⑥ 制止和纠正违章指挥、强令冒险作业、违反操作规程的行为。

三、风险及隐患

系统应从"奶酪模型"的角度对核心流程进行规划，划分为风险管控→安全隐患排查治理→不正常情况→不安全事件→征候→事故（见图 3-26）。

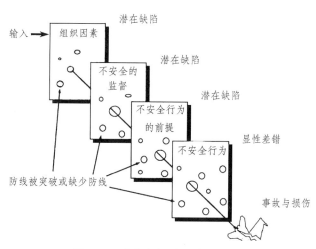

图 3-26 "瑞士奶酪"事故模型

从流程上看，可在系统中建立风险管控、安全隐患排查治理和不安全事件 3 个模块。下面从功能上探讨 3 个模块的内容：

1. 风险管控

一线部门识别报告危险源（包括正向识别和逆向识别），识别出的危险源具体划分为重大危险源、较大危险源、一般危险源，并进行分级管控。

对识别出的危险源开展风险分析与评价，通过对照定性和定量标准对危险源产生后果的可能性和严重性进行评判，确定安全风险等级和可接受程度，通常可划分为极端风险、高风险、中风险、低风险以及可忽略风险。

划分风险等级后，对风险进行根原因分析，深入分析人员、设备、环境、管理方面的缺陷，根据可接受程度，对危险源进行界定和采取措施。

具体的风险管理流程如图 3-27 所示。

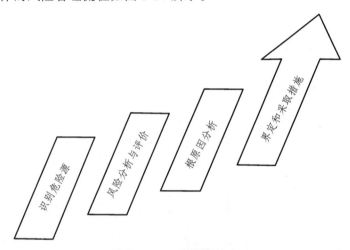

图 3-27　风险管理流程

2. 安全隐患排查治理

安全隐患模块的设计应考虑隐患填报的规范性、流程处理的合理性以及隐患库的全面性。

安全隐患填报的规范性要从系统填报的界面要素做出相应的要求。根据国家以及民航局的要求，安全隐患在初报时，应至少包括隐患编号（填报时安全系统应自动生成编号，防止编号的错乱或重复）、隐患名称、隐患描述、发现时间、隐患来源（涉及的业务及流程）、隐患类型（设置为下拉菜单，包括人的不安全行为、物的不安全状态、环境的不安全因素以及管理的缺陷）、隐患等级（设置下拉菜单，可设为一般安全隐患、重大安全隐患）、主体单位及部门、隐患原因分析等内容。

在风险与安全隐患模块设置的过程中，应该考虑这两个模块与其他模块的联动。因为自愿报告、事件调查等流程中均会涉及隐患危险源的生成和入库，如果能提前做关联，则可以避免在系统中的重复填写。

四、安全绩效的监测和测量

安全绩效属于 SMS 中的安全保证，安全保证活动应该根据所发现的可能具有安全影响的缺陷，制定和实施纠正行动，而安全绩效就是发现这些缺陷的抓手。

安全绩效模块的设置分为绩效规章制度管理、安全过程指标管理、安全目标指标管理以及安全行动计划管理 4 大类。

五、安全信息共享

安全信息共享是安全文化建设的一个重要组成部分，也是系统实现较为简单的一环，但是需要注意很多细节，因为安全信息需要符合本单位的保密性。

安全信息是一个广泛的概念，生产运行中产生的与安全直接相关的信息都可以称为安全信息，因此在共享过程中，哪些安全信息有共享价值，哪些安全信息需要规定范围共享，哪些安全信息需要保密，都是搭建系统共享平台需要考虑的因素。

事件信息，指飞行训练院校通过局方样例或本院校样例收集起来的不安全事件信息，这些信息如果公之于众有可能对院校造成舆论压力，因此这些信息的共享在设置时应该充分考虑保密性和局部性。

关于安全隐患信息和风险管理信息，前文提到的冰山理论充分说明了这些信息对于事故预防和安全保障具有至关重要的作用。因此，安全信息共享的重点就在于安全隐患信息和风险管理信息是否能及时传达到每一名专业人员身上，以便他们举一反三，避免发生类似的问题，将事故扼杀在摇篮中。这时考虑得更多的是安全隐患和风险信息传递渠道的通畅性，而不是保密性。

参考文献

[1] 克拉伦斯 C 罗德里格斯, 史蒂芬 K 苏斯科. 商业航空运输安全概论[M].
       5 版. 唐伟斌, 等译. 北京: 中国工人出版社, 2018.

[2] 倪海云. 航空安全信息管理之旅[M]. 北京: 金盾出版社, 2020.

[3] 崔政斌, 张美元, 周礼庆. 杜邦安全管理[M]. 北京: 化学工业出版
       社, 2018.

[4] 文兴忠, 周长春. 民航安全文化概论[M]. 北京: 中国民航出版社,
       2013.

[5] 李炎, 李彤, 倪海云. SMS 实施与实践[M]. 北京: 中国民航出版社,
       2018.

[6] 王清晨. 航空公司 SMS 数据分析与系统评价[J]. 中国民用航空,
       2013（2）.

[7] 孙宠. 航空公司从业人员安全信息报告意愿及影响因素研究 [D].
       北京: 中国民航大学, 2018.

[8] 王华伟, 吕德峰, 姜雨, 张云鹏. 通航安全工程[M]. 北京: 北京航
       空航天大学出版社, 2019.